名顧問教你避開25個開店常見失敗原因，
創造能長遠經營的獲利之道

這樣經營，餐廳才會賺

絶対にやってはいけない飲食店の法則25

作　須田光彥　　譯　許郁文

前言——學會「成功」之前，先學會「不失敗」的方法

餐廳開業不到一年就倒閉的機率高達34.5％，更糟的是，約有70％的店家會在五年之內關門大吉。

對於經營者或準備開店的讀者而言，如此活生生、血淋淋的事實就擺在眼前。由於餐飲業的進入門檻較低，所以競爭非常激烈，倒閉率（停業機率）也極高。此外，除了個人經營的店面、中小型連鎖店，大型連鎖加盟店停業或縮小規模的新聞也屢見不鮮。

就我在第一線的感覺，自二〇一九年消費稅提高後，餐廳就陷入困境，不禁讓人覺得一年內倒閉的機率已上昇至50％。

在如此困境之中，經營者與準備開店的各位又怎能不擔心呢？

其實要經營一家「生意興隆的店」或是「細水長流的店」並不難。

行文至此，我似乎聽到「蛤？真的假的？那要怎麼經營」的聲音傳來。

其實答案很簡單。

就是「不要失敗」就好。

「這不是廢話嗎？」我知道大家會忍不住這麼說，但這是事實，我沒辦法不這麼說。

但另一項不爭的事實是，多數人不知道「不失敗的方法」。

不好意思，講到現在才自我介紹。在下是須田光彥。之前曾在電視節目「有吉講座」（日本電視台）的「讓人擔心的藝人餐廳」演出，可能有些讀者已經知道我是誰。

到目前為止，從事餐飲業的資歷已超過四十年。高中時，在餐飲業界打工，體驗各種相關行業與職位之後，在二十幾歲的年紀獨立創業，提供餐飲業界相關的諮詢與店面設計的服務。

從年營業額超過二千億元的大型外食連鎖店到年營業額幾千萬元的個人企業都是我的服務對象，到目前為止，已打造了約五百間生意興隆的餐廳。

雖然戰績如此輝煌，但在這四十年內，不管是開設計事務所，還是中式餐廳，都落得倒閉或是破產的下場，最後甚至鬧到離婚收場，當時可說是跌入人生的谷底。

我從上述這一連串的悲慘遭遇體會到一件事，那就是剛剛提到的「不失敗」的成功法則。

市面上充斥著許多事業成功的經營者撰寫的商業書籍，介紹其成功心法、經營方式與商業思考。許多顧問也透過網路或書籍介紹「如何生意興隆」或是「打造在地第一名店」的方法，對經營者提出建言。

但是有多少店家是透過這些書籍或建言大獲成功的呢？我想應該少之又少吧。

餐飲業是在基層討生活的行業。

是非得接地氣的一門生意，也是每天都得提供商品，讓在地居民滿意的生意。

要讓這門接地氣的生意細水長流，不需要一口氣賺飽分數的全壘打。

而是接二連三的安打，在「不知不覺中，賺到需要的分數」。

就算得到媒體介紹，成為大排長龍的名店（打出滿壘全壘打），只要沒有打造出能獲利的系統，其實還是有不少店倒閉。

餐飲業是門腳踏實地的生意，需要學會各方各面的經營心法。

只要能徹底學會這些心法，就幾乎不會失敗。

話說回來，模仿名店不代表就能成功。

因為能否成功，運氣佔很大一部分，而且每間成功的餐廳都有自己的「成功之道」，換言之，很難模仿與重現。

反觀「失敗原因」卻是所有餐廳都一樣。

當看過幾萬間餐廳之後，我發現有些經營模式注定失敗。換言之，只要避開這個模式，就有機會抓住成功。

這次我從眾多失敗模式之中，挑出二十五個「許多人沒弄清楚」或「絕不可以身試法」的模式，也將透過實例介紹「成功的法則」。

由衷盼望，本書能助各位一臂之力。

contents 目次

＊本書提到的元，單位皆為日圓。

第3章 待客與員工訓練的「禁忌」

你的店讓顧客與員工都開心嗎？

第4章

招攬客人的「禁忌」

不需要降價或廣告，只要提供「高價值」的商品，自然客似雲來

原書內容編列　松井克明
原書書籍設計　Bookwall
原書內文圖版與DTP編排　津久井直美
原書企畫／編輯　貝瀨裕一（MX Engineering）

序章

為什麼許多餐廳會在「一年之內」倒閉呢？

能立刻測出你的店有多岌岌可危的三個問題

不能打造自己「理想的店面」

到目前為止，我看過幾萬間餐廳，有些餐廳成功，有些餐廳失敗。

在現場目擊到的是餐廳的各種缺失。

某項調查指出，**不滿一年就倒閉的餐廳高達34.5%，五年之內倒閉的機率更是超過70%**，但情況在這幾年迅速惡化，就我走訪第一線的經驗來看，不滿一年就倒閉的機率已上升至五成左右。近年來，大型連鎖店的展店計畫常陰溝裡翻船，「儘管表面沒倒閉，實質是歇業」的店家也所在多有。

儘管這數字嚇人，但失敗的經營者卻有共通之處。

那就是「覺得自己想像的業態一定會成功」，從不懷疑自己這毫無根據的自以為是，只一股腦地準備開門營業。

許多在餐廳工作的人都夢想著「總有一天，我要擁有屬於自己的一片天地」。

這些人都希望獨立創業，經營一家自己心中「理想的店」。

最常見的例子就是不斷抱怨現在工作的餐廳哪裡不好，總想著「要是我來經營，我一定會怎麼做」，滿心想要自己開一家店。

熱情的確是重要的。不過，我希望大家停下腳步，稍微想一下。

問問自己，如果自己的想法真的實現了，現在服務的餐廳真能提高營業額嗎？真的能賺到錢嗎？顧客真的會上門光顧（得到顧客的支持）嗎？

可惜的是，經營者心中那默默的期待往往得不到顧客的支持。

有34.5%的餐廳在一年之內失敗，說得更清楚一點，是被迫關門大吉。

你在腦海勾勒的業態，不過是不切實際的理想，沒有任何市場的數據足以佐證。既然不是顧客喜歡的店，顧客當然不會上門。

「只憑經營者的理想開店」充其量只是一種「產品導向」（Product Out）。

「產品導向」是一種「只要製造者投入心血，顧客就絕對會買單」的概念，但其實顧客對於開店的老闆沒有半點興趣，只想去自己覺得有趣的店，或是去點得到想吃的餐點的餐廳。

除此之外，沒有別的想法。

顧客想要的是什麼店？

關於這個問題，我有個建議，那就是參考美國行銷教父丹・甘迺迪的名言「想知道答案，就問顧客」，所有的答案都在顧客身上。

會讓顧客想光顧的店家是什麼樣的店家？若不根據這個問題的答案開創事業與重視「市場導向」這個概念，開店就不可能成功。

為什麼大部分的人都只有「產品導向」的想法？因為大部分的人都只想著「自己喜歡的事情」或「自己擅長的事情」，所以採取的行動也與這些想法一致，此時就算知道顧客的需求，也只會告訴自己「我不想做辦不到的事」、「我不想做不擅長的事」、「我不想做討厭的事」。

換句話說，你所謂的「理想業態」，只是你想透過自己的能力與經驗換得顧客的支持而已，一切的一切只符合你的期待。

而且就算你滿嘴都是所謂的「理想業態」，到最後通常會因為技術、經驗的不足或是可行性不高，逼得你不得不向各種現實妥協，結果也與最初的預期完全不同。

所以要打造一個受顧客青睞的成功事業，就必須冷靜下來，仔細地觀察市場。

找出市場（顧客）的需求後，再順應市場開店。

只要三個問題就能找出毛病！什麼樣的店會失敗？

就我的經驗而言，只要觀察下列三道問題的答案，就知道這間店會成功還是會失敗。

①為什麼在這個地點開始這個生意？

②為什麼這間店的格局會是這樣？

③為什麼這間店的內部裝潢是這樣？

你會如何回答這三個問題呢？

這三個問題乍看單純，卻有投石問路的效果。
如果無法正確回答這三個問題，或是無法看穿這些問題背後的用意，建議你重新擬訂展店計畫。
容我贅述一次，避免失敗的方法只有一個，那就是將計畫砍掉重擬。這三個答案可以幫你分析計畫除了符合你的理想之外，是否還符合顧客或市場的需求。
為什麼從這三個答案可以了解這些事？接下來就按部就班地說明。
第一個問題是「為什麼在這個地點開始這個生意？」
其實**「一年內就倒閉」的多數原因都是「在錯誤的地點開店」或是「這個生意不適合這個地點」。**
最根本的理由就是市場調查不足，調查手法不夠純熟。
接著為大家具體介紹我平常使用的市場調查方法。
最常見的市場調查方法就是調查該商圈在白天、晚上與周邊的人口，再依照這些潛在來客數決定是否在該商圈開店。

常見的市場調查手法會根據「這個店面既然有這麼多潛在客群的話，應該會有一定的比例上門光顧才對」這類預測計算來客數與潛在客群，但是在人口不斷減少的現狀下，這種理論無法預測可能發生的問題，可說是非常不可靠的手法。

建議大家放棄以數據判讀市場，改以客人的動機判讀市場。我將這種手法稱為「動機行銷法」。

從客人口中問出對生意興隆的店家有什麼不滿！

事不宜遲，立刻為大家介紹我平常在用的「動機行銷法」。

首先去店面勘場，大致掌握該地區的往來人口。

此時要記得多去幾次，而且要錯開時間去。例如在白天（午餐）的時段去一次，在晚上（晚餐）的時段去一次，以及在平日、週末、月初、月底去一次，而且還要在晴天與雨天的時候去現場觀察，看看往來人口是否會因為天氣而增減。經過上述的觀察，對於來客數與客群就會有初步的概念。

大部分想要開店的人都會勘察店面，但往往流於形式，最終只是一群人聚在一起喝酒吃飯，一起被開店的想法沖昏了頭。由於被夢想遮蔽了雙眼，所以就算到了店面附近勘景，一看到店面周遭的人潮就誤以為「一定能成功創業」。很可惜，這種方法幾乎百分百注定失敗。

勘察店面的重點有下列幾點。

①去當地自己覺得有興趣、不錯的店，或是業態相近的店
②去當地最熱門的店
③去當地最冷門的店

一般的店面勘察都只做到「①去當地自己覺得有興趣、不錯的店，或是業態相近的店」，去一些足以做為在地標竿的店家。

而且勘察結束後，大部分的人都會覺得「就這點水準的話，我的店也做得到」或是「如果只

是這樣，我的店一定會比這裡的生意更好」，然後就放心回家。很可惜的是，到目前為止，我還沒遇過去冷門店家偵察的創業者。其實最理想的做法就是找出「熱門」與「冷門」的理由，再進行對比式的調查。

「為什麼這家店會這麼熱門？」、「（去了冷門的店家後）為什麼這間店做不起來？」必須各別分析理由。

找出熱門與冷門的理由，並從中挖出「差異」，再將分析結果套用在自己的店，特別是該調查冷門的店，否則很有可能犯下相同的錯誤。

走進熱門店家後，可從商品、價格、供餐時間、商品份量分析這間店的架構，同時問自己：「客人用餐時，都帶著什麼表情」、「客人都喝什麼酒，大概喝多少」「客人如何享受這間店的一切」這類問題，找出客人來這間店的動機與消費型態。

建議大家記錄一下客人的桌上都有哪些東西（哪些是熱門餐點），如此一來就能掌握「這個區域的客人喜歡哪些料理與酒品、消費的單價有多高，也能知道該準備幾個座位、桌子該選多大的」。

去熱門的店家實地調查時，不妨試著假裝自己是客人，把感想寫在「店家檢查表」裡面。請大家參考第26～27頁的「店家檢查表」，雖然只有一小部分，但這的確是我平常使用的檢查表。

接著試著計算客人喜歡自己店的機率會有幾成，算出「可能會有八成喜歡」、「可能只有三成會喜歡」的結果後，就能得出「以原本的想法做生意」或是「放棄這個生意或改做其他生意」的結論。

實地勘察時，絕對不能忽略客人想去熱門店家的動機。就算那間店真的很熱門，也必須觀察「顧客覺得不滿的部分」，或是聽聽「如果這部分能如此改善的話就好了」這類客人之間的對話，也就能讀出顧客的隱性需求，之後可在自己想開的店全面滿足這些顧客自己都沒察覺的潛在需求。

若能做到這點，肯定能得到顧客壓倒性的支持。

我在熱門的店家實地調查時，很習慣隨口採訪隔壁的客人。

例如問他們：「為什麼今天會光顧這家店？」

有的客人會一五一十地回答：「因為這家店很好吃啊，而且……」。接著我會繼續問：「那你們覺得，如果這間店能改善哪些部分的話，會讓你們更想來呢？」這時候就會問出「如果能這樣的話就更好了」、「如果有那個餐點，我一定會點」這類需求。

根據上述的調查結果找出顧客的隱性需求。

這就是「動機行銷法」最重要的部分。

根據這個動機行銷法了解「這個地區需要什麼業態」、「顧客想要的商品是什麼」再開始規劃自己的店。換言之，就是先採訪顧客，從採訪所得確認業態，再以清楚的概念規劃自己的店。

開店之後，也要問顧客下列這個問題。

「為什麼今天會光臨敝店呢？」

根據顧客的心聲一步步修正經營路線，讓自己的店變得更加茁壯。

待客	上飲料的時間	適當／不適當　幾分鐘	
	上菜的時間	適當／不適當　幾分鐘	
	能否應付多筆點單一次湧入	順序、時間差	
	是否時時觀察外場	適當／不適當	
	是否會幫用餐中的客人收拾不需要的餐盤	有、無／優秀、笨拙	
	於中途收拾餐盤時，是否會推薦菜色	有、無／優秀、笨拙	
	是否能應付客人加點	適當／不適當	
	是否能妥善告知客人廁所的位置	有、無／優秀、笨拙	
氣氛	店內背景音樂	有、無／適當、不適當	
	廁所背景音樂	有、無／適當、不適當	
	整體明亮度	適當／不適當	
	桌面明亮度	適當／不適當	
	營造的店內亮度	適當／不適當	
	廁所明亮度	適當／不適當	
	營造的香氣	有、無／適當、不適當	
	異臭（外場）	有、無	
	異臭（廚房）	有、無	
	異臭（廁所）	有、無	
	營造的氛圍	有、無	
店面資訊	業態		
	預設目標族群		
	實際目標族群		
	店長的風格	操控性、管理性	
	店長的領導能力	適當、不適當／優秀、笨拙	
	員工的團隊合作	有、無／適當、不適當	
	店長有無職務代理人	有、無／優秀、笨拙	
	外場人數（包含店長）		
	廚房工作人員		
	員工人數	外場　人／廚房　人	
	打工人數	外場　人／廚房　人	
	翻桌率	翻桌　次	
	座位利用率	%	
	員工的職業道德	高、低、適當、不適當	
	員工之間的人際關係	優良／不佳	
	打工人員的領班	有、無／優秀、笨拙	
促銷計畫	促銷計畫（網路行銷）	Facebook、instagram、twitter、HP	
	促銷計畫（網路行銷）	Tabelog、Gurunavi、Hotpepper、外國網站、其他	
	促銷計畫（非網路行銷）	傳單、DM、廣告單	
	促銷計畫（回頭客）	會員、寄酒、抵用券	

店名　分店名稱	地址	
日期　年　月　日　：　～　：	天氣：	勘察次數 第　次
姓名：勘察人　同行人　／　／		
整體評估		

店家檢查表

	檢查項目	細節	評語
開店地點	地點特性	鬧區、辦公大樓區、住宅區、路邊	
	與最近的車站距離多遠		
	建築物的型態	大樓店面、獨棟店面	
	樓層數	層	
	動線	直接進入店裡、樓梯、電梯	
	預估坪數		
	停車場	可停台數、方便性、識別性、清掃	
外觀設計	立面設計	設計性、業態呈現	
	招牌	識別性、形狀、大小	
	指示牌設計	A 招牌、立牌、內照式、照片	
	樣品展示櫃	有、無	
內部裝潢	吊飾	門簾、掛畫	
	理念說明	牆面字燈、放置型廣告燈牌	
	其他展示		
	總座位數	個	
	桌數	2 人 桌、4 人 桌、6 人 桌、其他 桌	
	桌子大小	2 人、4 人、6 人、吧台座位、其他	
	合併座位	有 無	
	人數分區規劃	有 無	
	椅子座位	個	
	沙發座位	個	
	包厢	個	
	和室座位	個	
	露台座位	個	
	情侶座位	個	
	廚房	開放式 封閉式	
	廁所	男、女、通用／隔間 男 大 小 女	
	設計樣式		
候位	候位空間	有、無／ 名／站位 人左右、坐位	
	迎賓卡	手寫、App、其他	
	候位方法	叫號、電話／優先度 有 無	
待客	帶座位的方法	非常棒、普通、不滿	
	帶客的服務人員的問候方式與態度	有、無／非常棒、普通、不滿	
	其他店員的態度	非常棒、普通、不滿	
	笑容給人的感覺	非常棒、普通、沒意見、不滿	
	對話給人的感覺	有、無／愉悅、不滿	
	用字遣詞是否恰當	友善、進退得宜、裝熟、其他	
	如何在一旁留意客人、準備服務	適當、不適當	
	話術	有、無／優秀、笨拙	
	點飲料的時間點	適當／不適當	
	點餐的時間點	適當／不適當	
	幫客人點餐的態度、說話方式、眼神	適當／不適當	
	對料理的了解程度	適當／不適當	
	上菜時的說明	有、無／優秀、笨拙	
	向廚房說明點餐內容的方法	適當／不適當	
	桌面擺設方式	適當／不適當	
	上菜方式	適當／不適當	
	擺菜方式	女士優先、大位優先、不固定	

為什麼這間店的格局會是這樣？

接著是第二個問題，「為什麼這間店的格局會是這樣？」

店面經營的效率取決平面圖的設計，例如廚房該設置在哪裡，桌子又該如何佈置。

小而美的廚房、經過深思熟慮的分區規劃、有效率的桌面佈置，這些經過安排的格局可「回應顧客來店的動機」、「避免損失機會成本」與「降低人事費用」。

廚房越寬廣，烹調的效率越差。

上菜時間太慢、顧客比預期坐更久，翻桌率就會下降，沒顧及翻桌率的座位安排，會損失不少機會成本，也會掃了顧客的興致，人事費用也會因此莫名增加。

這些都會導致業績難以增長，營業利益率下滑，經營不善的結果就是倒閉。只要在房仲那邊看看那些退租的店面，就會發現有許多店面是因為平面規畫不佳而倒閉。

大部分想開店的人，都沒有能力判讀這些既成店面的好壞，所以常租到不該租的店面，導致赤字連連，被迫在短時間內關店。

換言之，**廚房與外場是否為營運效能優異的空間規劃，是打造熱門店面的關鍵。**這部分會在第一章的時候說清楚、講明白。

不做作的店家生意才會興隆

第三個問題是「為什麼這間店的內部裝潢是這樣？」

要打造一間生意興隆的店，「不要太做作」是不敗的定律。

為了打造一家「理想的店」而投入太多資金，或是過於執著，而無法重新檢視經營理念，都是絕對不該犯下的錯誤。

在這些例子之中，最常見的就是沒看清楚現實的老闆一步也不肯退讓，一心想著「我絕對會讓這間店成功（因為投資了很多錢）」的情況。

這種店就算起跑順利，後來也會落入經營不善的局面。經營不善的這段時間，可用來重新檢視經營理念，也可用來學習經營方法。這時候得到的經驗，將在日後帶來相當的回報。

在如此艱苦的經營過程中，「能否面對挑戰，不害怕改變」、「能否透過各種方法驗證經營方式」非常重要。

經營一家店，必須有「一開始無法如預期獲利」的打算。能否將吃苦當作吃補，一步步修正自己的經營方式，將決定這家店的生意是否能蒸蒸日上。

假設一開始過於講究店面設計，在內部裝潢砸下一大筆錢，會導致收支平衡點遙不可及，漸漸的，經營就會陷入困境。先擬定計畫失敗的對策與妥善的資金計畫是非常重要的一環。

店面設計當然也要顧及競爭力與安全性，而且要先設下**「有關設計的投資最多只能這樣」**或**「內部裝潢這樣就好」的底線。**

想要開店的人必須放下「該投資多少才對」的思維，而是要反過來問自己與施工的業者：「到目前為止的內部裝潢花了多少錢？」

如果開幕之後生意不好，只要能知道問題出在業態、產品、單價還是客層，哪怕問題是出在業態，都還有機會修正路線，讓生意蒸蒸日上。

說得直白點，我覺得「店面不過是做生意、賺錢的道具」。店不在大，能賺錢就好。

要讓店面化身為「聚寶盆」，就要徹底追求營運效率。至於你那些多餘的執著，放腦子裡就好。

上述就是如何從這三個問題事先了解生意會不會失敗的方法。

我會根據自己的經驗，透過這本書介紹「餐廳要成功，就絕不能做的事」，還要介紹各種打造熱門店家的方法。

第一章談的是店面設計，第二章介紹的是商品開發，第三章則講解接待客人與外場操作的方法，最後的第四章則說明招攬客人的方法。

第1章

打造店面的「禁忌」

一眼看透的爛店、這間店到底賣什麼？

法則01 拒顧客於門外的「裝酷店面」、「冷色外觀」

⊘ 從門外看不出賣什麼或是讓人有種「拒人於千里之外」的外觀都不行。
⊘ 利用「商品、價格、環境」這三個法寶，打造讓顧客「想入內一探究竟」的店面。

「裝酷」的店到處可見的理由

假設你眼前有兩間大阪燒專賣店，哪一間比較受歡迎呢？

A店

招牌寫著大大的「大阪燒」三個字，門口疊著兩、三個啤酒籃。入口的拉門半掩，店員會對每位路過的人大喊「歡迎光臨」。走進店內一看，店員正在櫃台前面煎著大阪燒，除了聽得到大阪燒煎得滋滋作響的聲音，醬汁的焦香氣味還不斷地竄入鼻腔。

B店

外牆是一片漆黑。只有右上角有個小煎鏟的招牌，以及寫得小小的店名，連大阪燒的「大」都沒有。往地下一樓的入口走，只看到一扇漆黑的大門。招牌的燈有亮，所以知道這間店有在營業，但還是不敢確定這間店有開。

這兩間店都很經典，但A店比較像是肚子有點餓，想去就可以去的店，應該不難想像大阪燒在眼前煎好的樣子吧。

反觀B店當然也能進去看看，但確實讓人怯步。

如果希望顧客光顧，當然要把店面打造成A店的感覺，但就現況而言，B店這種不顧客人心情，一心只想裝酷的店家到處都是，儘管這種風格的店家很難造成流行。

如果手上已經有兩間生意興隆的店，希望接下來的第三間能變點花樣，或許就能採用B店這種設計，也能採取會員制的方式，專門招待熟客，否則這種店肯定會失敗，因為會想走進這種

A店 （正面範例）

B店（負面範例）

看起來很貴，卻又不知道在賣什麼的店的人實在少之又少。

話說回來，街頭巷尾一堆這種店真的很讓人覺得莫名其妙。想必這是因為老闆（經營者）就是想開一間「裝酷」的店，而負責店面設計的設計師也只能照做吧。

設計師的工作是按照老闆的需求設計，所以錯不在設計師身上。真正的問題出在老闆「想裝酷、耍帥」的虛榮心。

絕對該公開的「三項資訊」

我們常聽到「人不可貌相」或是「判斷一個人，九成靠外表」這類說法，但真正吻合現實的是「判斷一個人，九成靠外表」。某項研究結果指出「人類在第一次見面的三秒鐘之內，有八成的印象是透過外表決定，而且純粹是下意識的判斷」。

店面也是一樣，**顧客只看了店面（外觀、正面）一眼，知道「這間店在賣什麼」之後，覺得**

「這裡的煎餃好像很美味」或是「這裡的燒肉好像很好吃」，然後往店內一瞧，發現店裡也有包廂，就有可能覺得「這家店的氣氛好像不錯，進去看看吧」，而這一連串只憑直覺的判斷只需要三秒鐘就會結束。

請大家想像一下，你跟幾個朋友聚完，想找大家「去喝個酒」的情況。如果在邊走邊逛的時候，突然遇到某間讓你覺得「好像不錯」的店，其中必定有吸引你的理由（只是你自己都不知道是為什麼）。

開放透明的氣氛加上「一個人三千元就能喝得痛快」這種能確定一個人大概要付多少的感覺，其實很受顧客的青睞。

所以才說，店面的外觀與正面一定要讓顧客「想要進去看看」。

店的門面一定要提供「商品、價格、環境」這三項資訊。最該讓顧客知道的是「我們賣的是這種商品（料理）」的資訊，以及「這項商品的價位」，最後要告訴顧客的是內部裝潢，例如店內是採取開放式座位，還是以包廂為主。

只要顧客知道這三項資訊，就不難想像「自己在這間店的消費方式」，也就能放心地走進店裡，所以這三項資訊絕對要於門口揭露。

改變門面便起死回生的中式餐廳

我曾經只靠揭露這三項資訊，就讓一間位於東京都內的中式餐廳大幅提升業績。

這間位於大樓二樓的店面受限於大樓的構造，沒有樓梯可走，只能搭乘電梯上樓。雖然這間店在如此惡劣的條件下小心翼翼地經營了三十年，卻遲遲不見客人增加，導致經營陷入困境。

當我站在路邊觀察這間店的門面，發現這間店只在二樓的白色牆面安裝了「○○飯店」的白色logo，這種白底白字的logo當然很不起眼，而且沒辦法從外面看出「這裡有間餐廳」。

因此我決定「先改變面向一樓迎賓廳的門面」。正面玄關的窗框原本是辦公室常見的銀色，我將銀色換成木紋的顏色。其次是在迎賓廳的玻璃窗貼上中式圖樣的標記膜，再於上方配置一個大型的木紋招牌。將之前的白色logo放在這個招牌上面之後，「○○飯店」這個店名就顯得搶眼許多，另外還在大樓入口放了樣品展示櫃，讓每個路過的人都能一眼看出這裡有間中式餐廳。

為了讓路人更了解這間店，我在一樓放了綜合介紹的招牌，也在午餐與晚餐的時段，分別貼出午餐與晚餐的海報，讓每個客人在搭乘電梯之前，就能先想像：「原來可以在這裡吃到這種餐酒料理啊。」

當我開始改造這間店的外觀，效果可說是立竿見影。

正當我趁著晚上關店，擺設樣品展示櫃的時候，路過的上班族突然停下腳步問我：

「這裡要開中式餐廳啊？什麼時候開幕？」

我回答「啊，不好意思，這裡已經開三十年了，現在正準備重新裝潢」，可見這附近的人原本都不清楚這裡有間中式餐廳。

冷門的餐廳好像很喜歡使用冷色系的門面，例如藍色、鮮綠色、灰色這類顏色，但這些都是會害人食慾不振的顏色。如果門面是這種冷色系的顏色，不僅無法刺激食慾，就算擺了樣品展示櫃，路過的人也不會覺得櫃子裡的食物樣品很好吃。

門面選用紅、黃、橘這類暖色系的配色是絕對的法則，燈光當然也要選用類似橘光的「電燈泡」，絕不能選擇亮得一塌糊塗的「日光燈」或「白光燈」。

如果你的店已經裝酷裝到極致，建議你製作大量的POP，利用海報、立旗、掛軸上的照片與文字，呈現前述的三項資訊（商品、價格、環境），告訴路人「我們是賣這種料理的店喔」。

重新裝潢前

重新裝潢後

重新裝潢前

門面改善範例①

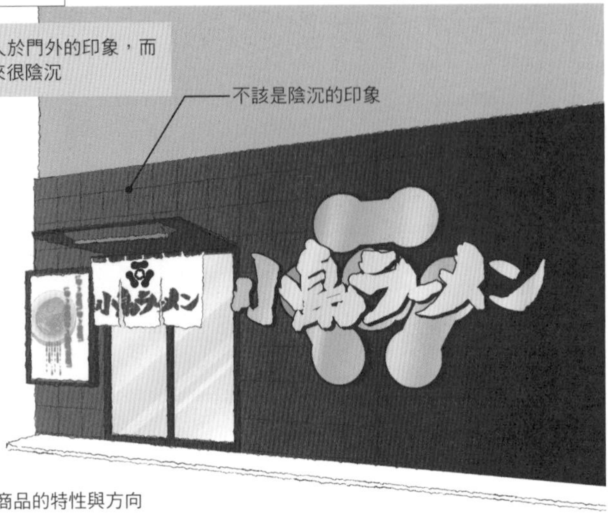
有種拒人於門外的印象，而
且看起來很陰沉
不該是陰沉的印象
看不出商品的特性與方向

重新裝潢後

經典的燈籠
採用短版的門簾，
讓路人看得到店裡

商品、圖說、價格
同時強調商品與
價格
商品特性
理念

重新裝潢前　門面改善範例②

看不出拉麵的種類
黃底紅字的招牌讓人覺得很廉價
這裡不用標示價格
一個廣告立牌有太多資訊
沒有照片，不夠吸睛
這裡的立旗遮住了店內的情況
就整體而言，讓人很沒勁，看起來也髒髒的

重新裝潢後

白底黑字的招牌較容易閱讀
一眼就能看出什麼拉麵是賣點
透過白色門簾營造乾淨的質感
一覽無遺的店內情況
將價格與商品放在視線的高度

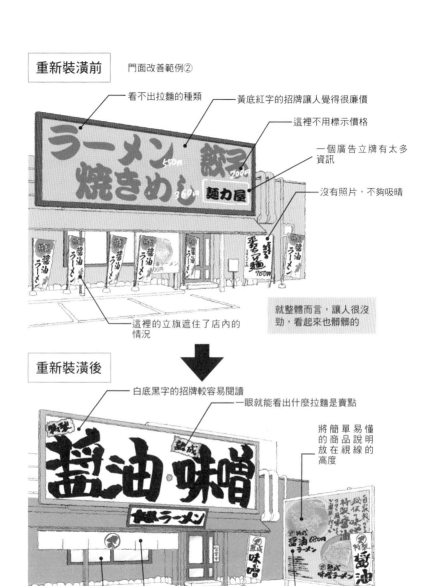

法則 02

「業態」與「內部裝潢」不相襯的店肯定會失敗！

⊘ 不能讓客人「不知道該怎麼享受這間店的服務」。

⊘ 透過業態讓客人知道該怎麼享受店裡的服務。

「與業態名符其實的店名」最為理想

大家可知道業種與業態的差異嗎？

業種指的是經營的商品種類。

業態則是經營的型態。

舉例來說，業種是壽司專賣店，業態是迴轉壽司。

再舉例來說，業種是中式餐廳，業態是麵飯專賣店。

比方說，業種是居酒屋，業態是串燒專賣店。

如果不知道兩者的差異，有可能在開發業態的階段停留在業種開發的地步，未能具體釐清業態就開幕了。

話說回來，「與業種名符其實的店」是最理想的模式，比方說，賣壽司的店取名為壽司店，賣蕎麥麵的店取名為蕎麥麵店，賣燒肉的取名為燒肉店，因為光是聽到「燒肉」，整個腦袋就會只想著美味的燒肉對吧。

反之，聽到：「我們是創意和食的店」，大概會覺得：「那會端出什麼料理啊？」，或是明明以「超道地的義大利料理」為訴求，門口卻擺著加州紅酒，大概很難想像這間店到底葫蘆裡賣什麼藥吧。

所以才說「與業態名符其實的店」是最理想的模式。

只是如果你準備要開店，這種「分類」實在太過模糊。**如今這個時代，店家必須透過業態的名稱讓客人知道「在店裡可度過多麼快樂的時光」。**

讓我們以接下來的兩間燒肉店為例吧。大家覺得哪間會受到顧客青睞呢？

C店

燒肉很平價的燒肉居酒屋。客人能一邊烤著進口牛肉，一邊暢飲生啤酒、蘇打威士忌與沙瓦。

D店

家庭式燒肉店。主要的賣點是吃到飽與家庭套餐。除了牛肉之外，也提供豬肉與雞肉。

先說結論，這兩間都是很受歡迎的店家，差異只在業態不同。

燒肉店已是較細的分類，客人早已知道店家會提供哪些服務。若以由高至低的客單價排序，大致可分成燒肉專賣店、燒肉吧、燒肉居酒屋、家庭式燒肉餐廳。

一如高級燒肉專賣店代名詞的「敘敘苑」，燒肉專賣店的服務以包廂為主，外場的工作人員可有條不紊地服務顧客，顧客也不用擔心被其他客人打擾。大張的桌子與高背椅，在在營造著高級的氛圍。客單價在一萬元左右，開店的地點通常會考慮客群，若是在東京開店，大概會選在西麻布或銀座這類地方。

燒肉吧則屬於店內裝潢的質感不錯，顧客能一邊品嘗稀有部位的燒肉，一邊搭著酒喝的類型，也常被當成約會聖地。由於提供的是稀有部位的燒肉，所以一盤都只有一～兩片。雖然每片肉的重量只有五十公克左右，但因為很美味，所以顧客不會覺得不滿。套餐的價格通常在四千元左右。乍看之下，套餐的價格不高，卻設計成讓顧客多點飲料的菜色，所以結帳時，一個人付到八千也是所在多有。

燒肉居酒屋則是一如「居酒屋」這個名字，肉的價格算是比較便宜，顧客可一邊烤著進口的牛肉，一邊大口暢飲生啤酒、蘇打威士忌（Highball）與沙瓦（就像剛剛的C店），最具代表性的就是「牛角」這類型的店家。通常會選擇繁華商圈開店。

家庭式燒肉餐廳則以吃到飽或家庭套餐為主要商品，除了牛肉之外，也提供豬肉與雞肉（就像剛剛的D店一樣）。「想讓孩子盡情的吃，但如果只吃牛肉，荷包可能會破一個大洞，所以最好能搭點雞肉或豬肉」，這個業態就是為了滿足這類顧客的需求誕生，「安樂亭」、「燒肉

King」、「amiyaki亭」就是這類餐廳。

利用定位圖釐清業態

為了進一步了解業態，讓我們試著畫張燒肉業態的定位圖吧（50～51頁）。**餐廳的定位圖通常以價位或客單價為直軸，內部裝潢或環境為橫軸。**

如果是想滿足家庭客或三五好友「不想待在家吃，稍微想奢侈一下」的心情，店家就不該在內部裝潢花太多錢，而且要重視經營效率。

如果是專為約會或接待客人設計，人數雖少，但單價較高的店，就得採用對得起高單價的內部裝潢。

話說，日本的安樂亭該位於哪個區塊？

安樂亭的主要客群是家庭客，沒在內部裝潢投資太多，客單價也不算太高，所以應該落在定位圖的右下角。

與其相對的業態（左上角）就是在內部裝潢砸下重金，提供高級肉品，客單價相對較高的敘敘苑。

落在正中間區塊的應該是定位為燒肉居酒屋的牛角。這種類型的燒肉店提供品質還算可以的燒肉之外，主要是以和牛牛五花以及經典的部位為號召，讓消費者酒一杯接著一杯喝。客單價大概在三千元至五千元左右。

店家先設定「要讓顧客如何享受這間店的服務（業態）」，再透過內部裝潢或門面讓顧客了解這點」。假設在內部裝潢砸下重金，初期投資額與折舊攤提費用就會增加，每年必須達到的總營業額自然跟著上漲，這些成本都會墊高客單價。

從定位圖來看，「低客單價」搭配「低投資、重視效率的內部裝潢」以及「高客單價」搭配「高質感的內部裝潢」的這兩種業態最受到重視。

屬於「低客單價」搭配「低投資、重視效率的內部裝潢」的是「一人燒肉」的「燒肉Like」，而「高客單價」搭配「高質感的內部裝潢」的業態就是「TORAJI」這類店家。

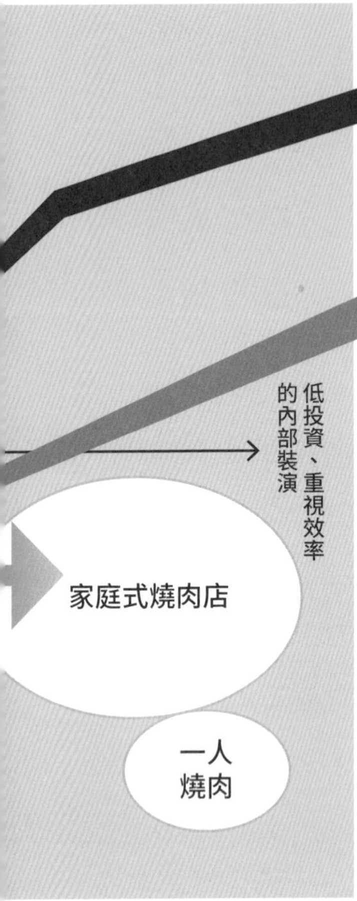

燒肉居酒屋

以味道容易接受的燒肉以及酒為主力商品，搭配附加價值與適當的客單價是這個區塊的特性，也是牛角這類店家最能掌握的區塊

雖然在修正計畫之後，牛角移動至家庭式燒肉的區塊，但為了維持牛角的品牌形象，又砸了重金在內部裝潢，導致收支平衡點高於這個區塊的基準。

此外，連鎖經營的牛角無法變更菜單的內容，使得酒類的營業額比預期不振，也無法貼近這個區塊的消費型態，所以在經過一番苦戰之後，只能陸續退出這個區塊的市場。

燒肉業態的定位圖

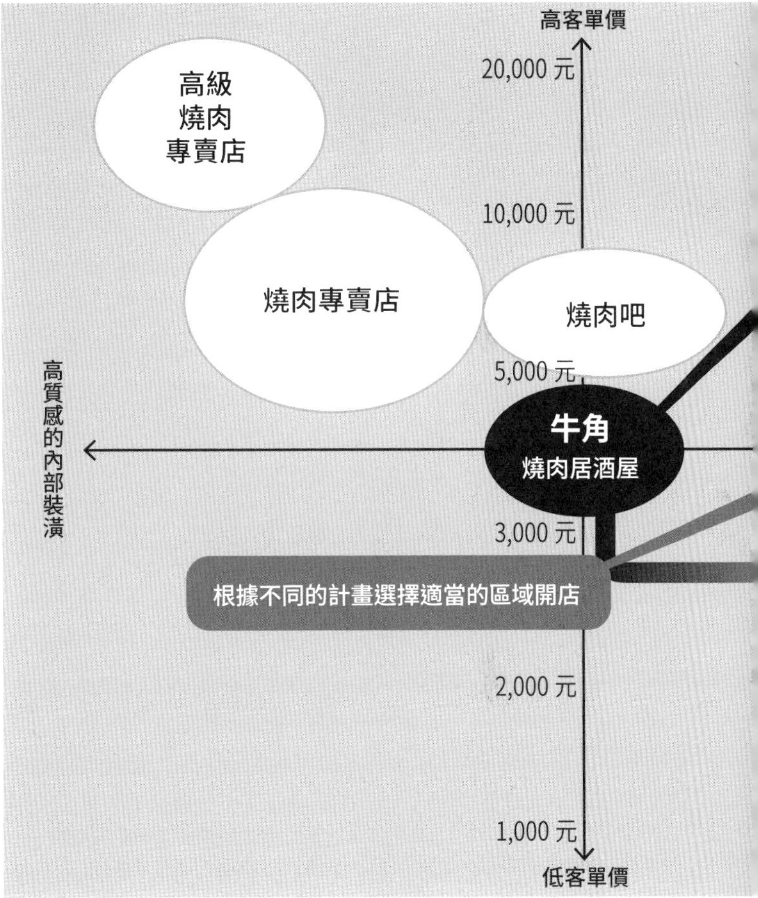

高客單價
20,000 元
高級
燒肉
專賣店
10,000 元
燒肉專賣店
燒肉吧
5,000 元
高質感的內部裝潢
牛角
燒肉居酒屋
3,000 元
根據不同的計畫選擇適當的區域開店
2,000 元
1,000 元
低客單價

請大家參考上一頁的燒肉業態定位圖。

這張定位圖可用來比對任何業態，假設準備開店，不妨利用這張定位圖找出業態的定位，如此一來就知道該以何種方式經營。

牛角在外縣市經營不善，被迫退出市場的消息曾一度躍上新聞版面，也讓人懷疑牛角的未來，但牛角之所以會落得這步田地，全是因為定位出現誤差。

牛角的定位是燒肉居酒屋。基本上，居酒屋都是靠酒賺錢，但如果在交通比較不方便的外縣市開店，顧客必須開車才能來店消費，就無法喝酒，如此一來，店家就無法透過利潤較高的酒賺錢，只能以燒肉為主力商品。像牛角這種店內空間狹窄的店家，一旦成本較高的燒肉成為主要商品，利潤就會被稀釋，經營自然陷入困境。

如果要在外縣市開店，牛角就必須將業態轉換成家庭式燒肉，同時修正品牌形象與菜單的內容，以及增加適合家庭客人消費的商品。

可惜外縣市的加盟店老闆就是想要「牛角」這個品牌，所以連內部裝潢都會模仿都會區的「牛角」，這不僅開店費用墊高，酒類的銷路又不如預期，「燒肉居酒屋」這個業態的優勢也無法發揮作用。

若以46頁的兩間店為例，牛角就是C店。C店屬於能在都會順利經營的型態，D店則是適合在外縣市（郊外）經營的例子。當牛角將都會區的經營模式原封不動地搬到外縣市，就註定要失敗。

我想說的是，開店的時候，必須配合當地顧客的生活型態與喜好，同時要利用業態定位圖找出方便顧客上門光顧的業態。這是想要成功就必須遵守的法則。

我之前擔任顧問的串燒店也有相同的例子。原本開在外縣市大馬路旁的串燒居酒屋生意一直不太理想。

所以我建議店家以家庭客為目標，將店內的裝潢改成適合家庭客消費的型態，同時增加包廂式的座位，藉此轉換成家庭客能盡情享受串燒的業態。經過這番改善後，業業足足增長了三成。

法則
03

因為「貪便宜」而選擇前任老闆留下的既成店面，肯定會後悔〈既成店面的陷阱 其1〉

⊘ 為什麼前任老闆會經營失敗？這個問題非得想清楚不可。

⊘ 檢查門面有沒有容易忽略的問題以及注意電梯的數量。

選擇既成店面的當下，心態就已經「輸人一截」

在餐廳工作的人，都很希望「擁有一片屬於自己的天空」。

只可惜，明明擁有理想，卻很容易在選擇店面這點妥協。越是熱鬧的地點，租金越高，所以為了減少初期投入的資金，很容易改投「既成店面」的懷抱。

所謂「既成店面」指的是繼承這間店原有的內部裝潢或格局的店面。這類店面能有效降低初期投入的金額，租金也可能比行情來得便宜。

只要與房仲詢問既成店面的資訊，通常會得到前一任、再前一任、更前一任都是既成店面，換言之，「你是第四個要租這間既成店面的人」（也就是前面有三個人失敗）。

有一點可以不諱言地說，那就是「既成店面容易失敗」。

為什麼？第一個理由是，「初期投資額與店租較低」。

乍看之下，店租（固定支出）較低這點是好事，但其實恰恰體現了經營者內心深處的「懦弱」，也就是「如果這間店做不起來，初期投資也不高，店租便宜也比較有辦法可想」或是「就算失敗，損失也不會太慘重」的心情。

明明準備開店「賺大錢」與「成為人生勝利組」，卻還沒起步就假設自己會跌倒，而且只因為「店租便宜」這個理由就打算租下勝率很低的店面，這種人只會白白放走成功的機會，讓自己變得廉價而已。

想必大家都知道知名摔角選手安東尼豬木為自己加油打氣的「鬥魂注入巴掌」吧，一聽到這項絕技，大家應該會想起重考生在活動會場被一巴掌注入鬥魂的場景。這種加油打氣的方法源自某位主播在某場頭銜賽問了豬木某個問題。

主播問：「豬木先生，接下來您要面對的是頭銜賽，如果輸了怎麼辦？」結果豬木便「碰」的一聲，一巴掌打在主播身上。

接著回答：「既然要比賽，就是要贏，哪有人會去想什麼輸不輸的事啊！」這就是「鬥魂注入巴掌」的由來。

其實以「店租便宜」做為尋找店面的條件也是一樣的道理，「明明想開一間成功的店，哪有人還沒開店就先想失敗之後怎麼辦呢！」如果抱著「店租便宜，比較有辦法可想」的心態挑店面，最終只會落入「便宜沒好貨」的陷阱。

既成店面會做不起來，通常有一堆理由，不是人潮很少的地點，就是門面有很多限制，不然就是受限於格局，無法設置足夠的座位數，所以誰接手都開不成。

很多人都想找到盡可能便宜的物件，但如果真的想經營成功，請用較高的店租買下「生意興隆」的機會。人潮洶湧的首選地段當然很貴，次一級的地段當然便宜。

在首選地段開店的成功機率固然很高，但如果資金實在拮据，不妨退而求其次，改在等級稍差一點的地段開店。想在次要的地段開一間生意興隆的店，就得嘔心瀝血地努力，沒有這等決心，最好放棄開店。

店面有一些容易忽略的陷阱

有些事非得等到準備開店才會知道，例如有些大樓不准掛招牌，或是對招牌的大小、顏色有一些限制。

第一次開店的人，可能很難想得到這類對招牌的限制。招牌是門面最重要的元素，若沒有任何限制是最理想的，但多數情況都不如預期。

這時候不妨跟房東說：「如果這裡可以掛這種招牌的話，我就會想租下店面。到時候，營業額大概會是這麼多吧，如果不能掛招牌，營業額應該就做不到這麼多，所以請將店租降到這個數字吧。」趁機砍一砍店租。

另一個不太容易發現的陷阱是電梯。

有些是很容易忽略的陷阱，例如房東很小氣，不願意花太多錢加裝電梯，或是建設公司為了方便作業，在九樓的獨棟房子只安裝了一台電梯。

如果在這種大樓開店，一旦遇上尖峰時段，就會出現一堆排隊等電梯的顧客，是在顧客上門的時候發生這種排隊問題也就罷了，在顧客吃飽，準備回家的時候發生，那可是很惱人的。

假設店面是在九層式大樓的三至七樓，很可能會發生擠不進電梯，只能看著電梯從眼前經過的問題，這時候顧客彷彿是有家歸不得的電梯難民。

其實銀座有不少這類店面，例如某些高樓層的店面明明地段很優，卻因為這類電梯的問題很難租出去。

法則04

廚房太大、廚房位於中央的店面賺不了錢〈既成店面的陷阱　其2〉

⊘ 了解「廚房寬闊」＝「店內空間太窄」＝「座位太少」＝「無法提升營業額」的公式

⊘ 小而美的廚房比較方便烹調，從業人員也比較不會疲勞。

⊘ 看不到烹調過程的封閉型廚房無法營造臨場感，魅力也會減半。

怎麼會有「廚房寬闊」的店面？

接著要繼續談既成店面。

姑且不論開店地點是好是壞，大部分的物件都有格局的問題，最常見的情況就是「廚房太寬闊或是廚房的位置不好」。

例如，總面積只有三十坪，廚房就佔了十五坪，或是廚房就堂堂位於正中央的情況，尤其廚房位於中心點的店面最為糟糕。其實廚房裡的廚師必須隨時觀察顧客的樣子，所以廚房必須設在能看到店內每個角落的位置，要是設在中心點，廚師不就得轉來轉去才能觀察到每位顧客，這樣豈不是太累了嗎？

廚房過於寬敞的理由大概有兩種。

第一個理由是在自行開店之前，有許多對老東家的不滿。例如「在最忙的時候來不及出菜」或是「盤子總是沒地方可放，很麻煩」這類不開心的回憶或是害怕忙不過來的恐懼感。所以才會想打造一處廚師心目中的「完美職場」。

的確，「在最忙的時候來不及出菜」的確是廚師心中的夢魘，但一天頂多只有四十五分鐘會忙成這樣，只要試著改善廚房與外場的效率，緩解這四十五分鐘的忙碌就夠了。真正的問題在於為了這四十五分鐘減少座位。由於「座位少＝客人少」，想要提高營業額，就只能推出高單價的商品或是提升翻桌率。

另一個理由是「對廚房一竅不通的老闆不管廚師或設計師說什麼都只能照單全收，所以才會設計出過於寬敞的廚房」。

一旦廚房開始動工，就不可能再換位置，因為電線、瓦斯管、水管的位置都是固定的，而且還得施作防水層，以免漏水。如果要改變防水層的位置，就等於整間店要重新設計，所以就算是**地段不錯、店租便宜的既成店面，也絕不能考慮「廚房過於寬敞的店面」**，因為有可能無法達成預設的營業額，而且還無法增加座位。

善用小巧的廚房是賺錢的關鍵

雖然接下來的話題與既成店面沒關係，但廚房的大小的確是至關重要的問題，讓我們稍微多談一點。

我在設計新店面的時候，用餐空間是否寬敞是我最優先考慮的部分（也就是座位數一定要夠），其次則是打造痲雀雖小，五臟俱全的廚房，例如選用精巧的廚房用具，或是設計較為狹窄的廚房走道。

每當我提出「廚房走道得狹窄一點」的意見，總有廚師會抗議「走道一定要有九十公分寬啦，因為我們會雙手拿著鍋子走啊」，這時候我通常會如此反問。

「什麼情況下會雙手拿著鍋子？」

「一天之內會有幾次因為走道不足九十公分寬覺得麻煩？」

「為什麼不能是六十五或七十公分寬？稍微側個身，問題不就解決了嗎？」

在設計店面的階段就徹底追求作業效率，是設計店面最重要的部分。

換言之，這就是效法「TOYOTA」汽車的「改善」，徹底分析作業的意思（TOYOTA汽車的改善已成為「KAIZEN」這個英文單字）。若問TOYOTA的第一線人員都改善了哪些事，具體來說，就是「原本要走五步才能拿到一顆螺絲的話，精簡成三步，就能節省兩步的時間，也能節省體力」。其結果，就是全年度利潤以億為單位增加。

餐廳也適用這套理論。

若以中式餐廳的廚房為例，基本上就是重覆切菜、將切好的菜拿到瓦斯爐附近，再用中式炒鍋炒熟，將盤子放在手邊，再將炒好的料理盛盤這一連串的流程。

從這一連串的流程來看，**食材、餐具、瓦斯爐、電磁爐若都放在觸手可及的範圍（約兩公尺），就根本不需要移動。**就結果來看，我的設計讓廚師更輕鬆，出菜的速度也更快，廚師的負擔減輕，離職率自然也跟著下降，所以若是由我設計廚房，能否在有限的空間之內烹調絕對會是前提。

除了剛剛提及的走道之外，我也會盡可能縮減備餐空間。只是當我這麼做，廚師又要抗議：「這麼小的備餐空間是要怎麼做事啊～」

此時我會問：「打算一次放幾個盤子呢？就算能放很多個盤子，也不可能一次全用吧（出菜速度也沒那麼快吧）」。備餐空間太小當然不行，但只要能應付廚房的最大出菜量，應該就沒問題才對。

假設義大利麵店的煮麵機有六個麵切（煮麵的網杓）。

接著請大家想一下，真有辦法一次盛六人份的義大利麵嗎？假設點單的內容是紅醬兩盤、白醬兩盤、日式義大利麵兩盤，若這六盤麵同時煮，恐怕會煮得一點都不彈牙。

所以就算能在煮麵機放進六個麵切，一次最多出四盤義大利麵才是合理的數字。義大利麵通常得煮六～七分鐘，所以前面兩道義大利麵在平底鍋裡翻炒時，後面兩道義大利麵才放入煮麵機煮，達到每隔三分鐘出兩盤義大利麵的速度，換言之，就是設計一套每三分鐘出菜一次的流程。

若真能設計出這套流程，備餐空間只要能擺得下前兩盤與後兩盤就足夠了，而且就算真的一次要煮六盤義大利麵，備餐空間也只需要能擺得下六個盤子就夠了，如果想讓備餐空間更小一點，換成小一點的盤子也是方法之一。

廚房越精巧，營業空間的面積就越大，也就能增加更多座位，順利提升營業額。此外，換成小一點的盤子也能縮減備餐空間，也能把營業空間的桌子換成小一點的，也就能增加座位。

假設將每坪客數從二點一增加至二點二人，生意變好的機率就會上升。廚房的大小是影響營業額的關鍵，千萬別不經大腦思考就擴大廚房。如果你的店還能重新調整廚房的大小，那一定要檢討一下，廚房是不是太大。

要開一間生意興隆的店，就設計成開放式廚房，將烹調過程攤在客人眼前

如今要開一間熱門店，開放式廚房成了元素之一，大部分生意不錯的店都採用了開放式廚房，讓烹調過程宛如現場直播，攤在顧客面前。反觀市面上的既成店面幾乎都是封閉式廚房，就算能提供精心製作的商品，商品也無法充份發揮魅力，因此廚房必須設計在一進店裡就能看到的位置，讓客人欣賞整個烹調過程。

如此一來，客人便會對接下來的餐點充滿期待。如果能讓顧客看到放在冷藏展示櫃裡的食材，將能進一步刺激顧客的感官。

就算廚房位於店裡較後面的位置，還是要想辦法將廚房放在所有座位都看得到的位置，讓顧客欣賞生動的烹調過程，廚房也能掌握顧客的反應與狀況。

法則 05

開一間客人可悠哉消磨時間的店，你就沒時間悠哉

⊘「能悠哉消磨時間」＝「座位數不多」＝「客人很少」＝「賺不了錢」。

⊘每坪容納客數應設定在兩人以上，確保足以達成營業額目標的座位數。

「客人能久坐」的店開不下去的理由

「想開一間客人能久坐的店」、「在這一帶開店，就要開一間客人能放輕鬆坐的店」，把店開在郊外的老闆特別喜歡這麼說。

如果開在郊外的話，店租的確比較便宜，若附近沒有競爭對手，應該是可以賺錢，對翻桌率或許不必那麼計較；但如果是開在都市裡的店家，店租可會壓得讓人喘不過氣，而且競爭對手

又很多，相形之下，來客率或是翻桌率就很難提升。

但是有些來找我諮詢開店事宜的老闆想在鬧區開店，卻還說什麼「想開一間客人能放輕鬆久坐的店」。

「客人能放輕鬆久坐」意味著「座位數不多＝來客數不高」，此時要想提高營業額，就得提高客單價或是翻桌率」。如果找不到提高客單價或翻桌率的方法，那建議不要開店。

想必本書的讀者已經知道，不管是開餐廳還是經營一間店，都可套用下列的營業額公式。

營業額＝來客數×客單價×營業天數

因此單看這個公式就能了解「來客數」有多麼重要。容我重申一次，「客人能在店裡耍廢」代表座位不多，座位不多便意味著來客數難以成長。換言之，「無法達到維持收支平衡的營業額」，這跟剛剛提的「廚房太大的店肯定失敗」是同樣的道理。

每當我問這類老闆「為什麼想開一間讓客人能放輕鬆久坐的店」，他們常給我「外縣市的客人通常對彼此不那麼熟，為了避免他們尷尬，盡量不讓他們面對面」、「桌子不夠大，就放不了幾盤菜」這類回答。

要解決這些問題只需要調整座位的安排、商品內容以及盤子的大小，根本不需要把整間店弄得很寬敞。

依照必要的營業額決定座位的數量

話說回來，客人真的想「在你店裡坐很久嗎？」

我覺得日本人是喜歡待在大約是放暖桌空間的兩坪半這樣狹窄的空間才能真的放鬆的民族。比方說坐電車的時候，大家不也是會先從邊邊的座位開始坐嗎？日本人就是這麼喜歡牆邊、角落與狹窄的空間。

就我所知，生意好的店沒有一間是讓客人坐很久的店，不管是海鮮系列、內臟系列還是碳烤系列的燒肉店，每一間都是大家擠在一起，暢所欲言的氣氛，而且每間店的走道都只有五十至六十公分寬，店員上菜或端飲料來的時候，幾乎都快要撞到客人的背部，但就是這樣的店才會吸引大群上班族，生意才會興隆。

其實店裡的氣氛如果太放鬆，就很難營造「開心」的氛圍。

能將「放輕鬆久坐的空間」當成賣點的，只有客單價在三至五萬元甚至更高的店，當然，有些客單價只有兩萬元的店，也能透過一些巧思做到這點，但畢竟是少數，實在不太推薦。

每種業態的單坪座位數都有不同的標準，但思考邏輯是一樣的。

先考慮實際能供應的商品數量與顧客停留時間（上菜時間與消費時間），再根據「每坪必須能容納○○位客人，否則就無法達成目標營業額，所以至少需要設置這麼多座位數」的想法設計店內空間。

要我來說，假設「客單價為三千至四千元、位於東京都內的三十坪店面」，至少需要六十個座位，也就是每坪至少要能容納兩位客人。不過，在計算營業額的時候，不能以「六十個座位」計算，因為除了包場或特別的節日，幾乎都無法坐滿。

所以要以「座位利用率」*計算。假設這六十個座位的座位利用率為65％，實際就只有四十個座位。假設一天翻桌一點五次，客單價為三千元的話，單日營業額就是十八萬，單月營業額就是五百四十萬，假設客單價為四千元，那麼單日營業額就是二十四萬，單月營業額就是七百二十萬。

＊座位利用率：指的是顧客實際入座的比例。以日本來說，來餐廳的團體客平均約為二點七人，所以座位利用率可設定在七成左右（以四人座位坐二點七人的比例計算）。越是高級的店家，座位利用率越低，下降至65％或60％也很正常。這部分會在84頁進一步說明。

了解店租是否適當的常識

假設是單月營收五百四十萬或七百二十萬元的店家，店租應該多少？店面應該多大呢？

一般來說，店租的比率應該佔單月營收的6％至10％才合理（全國平均為6％，都會區為10％）。如果是咖啡廳這種低成本的業態，佔15％也還過得去，但其他業態應以12％為極限，所以在找店面的時候，一定要多份細心，找到單月營收高於月租十倍的地點或業態。

假設每坪店租為兩萬元，三十坪就是六十萬，四十坪就是八十萬。

以三十坪／六十萬的店面來看，與單月營收的比例為11％，假設單月營收為七百二十萬，比例就會下降至8.3％，後者當然是比較理想的經營狀態。

若再以四十坪／八十萬的店面來看，當單月營收為五百四十萬，營收與店租的比例為14.8％，單月營收為七百二十萬的時候，比例為11％，所以單月營收只有五百四十萬的話，就租不起這個店面，必須將客單價提升至四千元，讓單月營收上升至七百二十萬才合理。

要漲價，就必須提供物有所值的商品（料理、服務），否則顧客不會買單，不然就得縮減坪數，降低固定支出（三十坪／六十萬），才能穩定經營。

換言之，**「顧客可以輕鬆久坐」的店通常很大，店租也很高，如果座位數很少，就得提高客單價才能應付店租，連帶得提供物有所值的商品以及一定品質的服務。**如果有信心做到這點，我當然不會勸退，但就我個人而言，盡可能增加座位數才是王道。

順帶一提，到目前為止，找我諮詢的店家之中，單坪客數最高的是三人，是間樓層面積九坪，設置二十七個座位的和食酒吧，聽說單月營收達到六百萬元，經常利益率也有35％，是一間經營效率奇佳的店。其實在找店面的時候，本來就該以店租為基準，仔細計算單月營收能不能做到店租的十倍，可是第一次開店的老闆通常不懂這點。開店之前，必須以營業額的公式（座位數×座位利用率×翻桌率×客單價×營業天數＝單月營收）計算該坪數的店面該配置多少座位，客單價又該多高，只要使用Excel其實就能立刻使用這個公式計算。

之後可根據這個公式設計店內空間的格局。客單價五千元算是餐飲業最常見的業態，若想生意興隆，每坪容納客數至少需要達到兩人。

能否在餐飲業成功，店面的格局幾乎決定了成敗。光是確認座位與廚房的面積比、座位數與座位效率、廚房與廁所的位置，就能精準預測單月營收。所謂不可觸犯的餐廳法則，並非來自理論，而是從店面的格局決定。

法則
06

太多六人座位，會趕跑客人

⊘ 應以「四」或「二」人的座位為主要座位。

⊘ 靠牆壁的沙發座位搭配四人／二人座位，就能應付各種人數的團體客。

設太多六人座，就會空出太多位置

到目前為止，我都一直告訴大家「座位越多，經營效率越佳」。

但是，就算要增加座位，也不代表可以排一堆大桌子（可坐六人以上的桌子）。假設兩個人的客人坐進六人座位，那剩下的四個座位就沒辦法再坐別人。擺了一堆六人座位的店家最常見的問題就是「明明每桌都有坐人，但是卻有很多沒人坐的座位」。明明還有空位，卻沒辦法接待新客人，真的是最糟糕的情況。

不過，若可以併桌，那就另當別論。

若是八百元定食的午餐應該比較能併桌，但若是客單價高達二至三萬元的晚餐，恐怕就不能併桌。要是斗膽問客人：「請問您方便併桌嗎？」肯定會被一句：「開什麼玩笑！」轟回來。

一如70頁所述，餐廳的團體客平均為二點七人，我在設計店面時，也都以這個數字為基準。簡言之，一張桌子必須能坐到三人，所以通常會選四人桌，讓三位顧客使用四個人的座位。

從這點來看，六人桌太大又不實用。

視情況將四人與二人桌併成六人桌，是絕對必須遵守的法則。

座位效率是決定餐廳能否成功的一大因素。如果是長年在外場服務客人的員工，一定非常了解座位效率有多麼關鍵，但長年待在廚房裡的廚師可能就比較不了解這個部分。如果能多配置單排的沙發座位，之後只要移動桌子，就能隨時接待兩名或六名的客人。我常設計的店內格局都藏有讓生意興隆的法則。

桌子的配置方式如下。以兩張二人桌併成四人座位，再於旁邊配置一張二人桌，然後再於旁邊配置四人桌。

若換算成座位數，就是四人座位、兩人座位、四人座位的配置模式。這種配置模式只要將二人桌往左右移動，就能隨時生出六人座位，而且還能同時接待一組四位客人，以及三組兩位客人，座位效率當然大幅提升。所以除了預估團體客的人數，還要根據這個預估數值事先模擬入座模式，徹底避免浪費機會成本，才能將成功收入囊中。

在牆邊配置大量的沙發座位

最理想的模式是在牆邊擺沙發座位，接著在沙發前面擺桌子，然後在走道這邊擺椅子。一如前述，日本人很喜歡牆邊，所以不妨配置一堆背對牆壁的沙發座位吧。

沙發座位與椅子的差異在於，即使客人增加，也能稍微請客人坐得擠一點，換言之，即使是六人桌，也能讓七至八名客人入座。

沙發座位搭配桌子（二人桌、四人桌）可應付各種人數組合的團體客，也能瞬間騰出座位，而且不會浪費座位，經營效率自然會跟著提升。

最後要再提一個大桌子的缺點。要讓桌上的食物看起來很美味，就必須以適當大小的盤子搭配份量適當的餐點。如果桌子很大，就得使用較大的盤子，如此一來，就得盛入更多料理，還得花心思設計盛盤（料理的外觀）的方式。

如果您的店已經擺了很多大張的桌子，勸您趁早改善。

法則
07

「有空位都可以坐」這句話對顧客與店家都不是好事！

⊘ 店內空間是否已根據翻桌率與團客單價「分區」？
⊘ 正確的分區可提升作業效率與營業額。

以相距廚房的距離劃分「用餐空間」

大家上館子吃飯時，應該都有過下列的體驗吧。

「請問幾位呢？」
「四個人」

「有空位都可以坐」

聽服務人員這麼說之後，往店裡一瞧，發現對坐的四人座位全被一個人或兩個人的客人坐滿，反觀吧台座位或兩人座位卻是空蕩蕩的，所以只好等到「有空位空出來再說」——這種店肯定沒多久就會倒閉。

因為這種店沒有「分區」的概念。

所謂「分區」指的就是訂出「哪種類型的客人該坐哪個區域」的規則。店家可根據上菜時間，將「翻桌率較快的少人數客人」安排在廚房附近的位置，並將「翻桌率較慢的團體客」安排在離廚房較遠的位置。

若從客單價的角度來看，靠近廚房，翻桌率較快的區域屬於客單價較低的區域，反觀較遠的區域就是團客單價（整團客人的客單價）較高的區域。

讓我們試著以中式餐廳的情況進一步說明。假設這間中式餐廳最常接到一個人來的客人，其次是兩人組合的客人，最後是家庭客。

此時可在離廚房較近的吧台配置十幾個座位，如果客人點的是拉麵或炒飯，就能直接從廚房往外端給坐在吧台座位的客人。這個區塊的最終目的就是提高翻桌率。

其次就是位於吧台座位正後方的兩人座位區塊。若問為什麼是吧台座位的正後方，是因為這個區塊的「來客數較少＝料理的量較少」，所以客人停留的時間較短，翻桌率相對較高。

這個區塊的重點在於團客單價，而不是客單價。

吧台座位的單人客單價最多是一千元左右，就算是再怎麼會點的客人，點了拉麵、煎餃與啤酒，頂多就是一千五百元左右，如果兩人一組的客人也這樣點，團客單價就可上升至兩千五百至三千元左右。

位於店內後方的四人座位，則該留給攜家帶眷的家庭客。雖然這個區塊的客人需要較多的時間用餐，卻能賺到比較高的團客單價。由於這類客人會待得比較久，所以安排在離廚房最遠的位置也沒關係。

分區明確，外場服務人員就知道該如何帶位

這類分區也適用於居酒屋。在距離廚房最近的位置安排吧台座位，接著在吧台座位後方配置兩人座位與四人座位，之後再安排接待多人數團客的區塊，爭取較高的團客單價。離廚房最遠的日式包廂則留給宴會客，將目標放在十萬至十五萬這一大筆的營收。簡單來說，就是以「客單價或團客單價」的高低劃分區塊。

如此劃分區塊之後，外場服務人員就知道該怎麼帶位，不管客人有幾位，都能以「一位客人嗎？請坐這邊」、「五位客人嗎？幫您安排最後面的位置」的模式安排位置。也不會出現「我比較想坐那邊的位置耶」，這種讓客人任意入座的情況。

離廚房較近的位置要盡可能爭取較高的來客數與翻桌率，正中央的位置則要將目標放在團客單價，最後面的位置則該安排營收最高的大型宴會座位。所有座位都是以離廚房的距離安排。

過去曾有依照這種方式安排座位，讓營業額提高一點五倍的案例。

從下一頁開始介紹正面與負面教材的格局圖，還請大家參考看看。

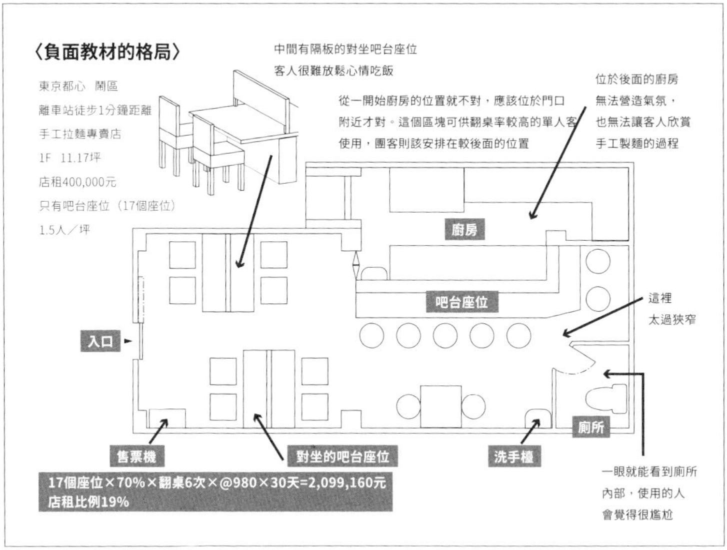
〈負面教材的格局〉
東京都心　鬧區
離車站徒步1分鐘距離
手工拉麵專賣店
1F　11.17坪
店租400,000元
只有吧台座位（17個座位）
1.5人／坪
中間有隔板的對坐吧台座位
客人很難放鬆心情吃飯
從一開始廚房的位置就不對，應該位於門口
附近才對。這個區塊可供翻桌率較高的單人客
使用，團客則該安排在較後面的位置
位於後面的廚房
無法營造氣氛，
也無法讓客人欣賞
手工製麵的過程
廚房
吧台座位
這裡
太過狹窄
入口
廁所
售票機
對坐的吧台座位
洗手檯
一眼就能看到廁所
內部，使用的人
會覺得很尷尬
17個座位×70%×翻桌6次×@980×30天=2,099,160元
店租比例19%

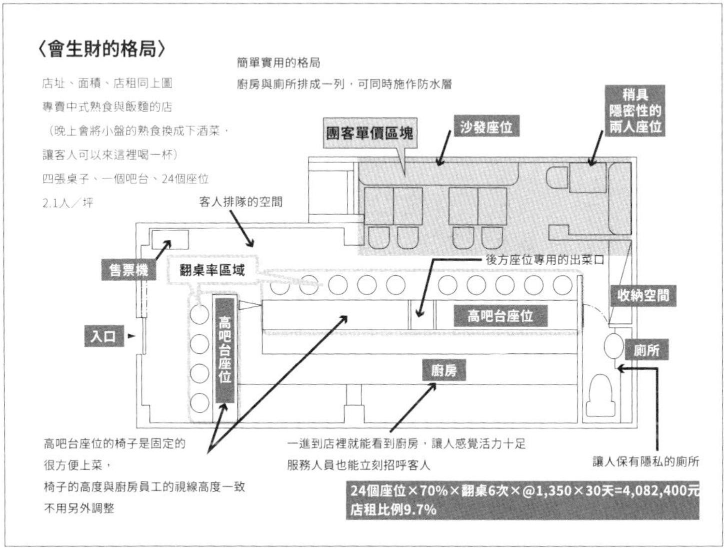
〈會生財的格局〉
店址、面積、店租同上圖
專賣中式熟食與飯麵的店
（晚上會將小盤的熟食換成下酒菜，
讓客人可以來這裡喝一杯）
四張桌子、一個吧台、24個座位
2.1人／坪
簡單實用的格局
廚房與廁所排成一列，可同時施作防水層
團客單價區塊
沙發座位
稍具
隱密性的
兩人座位
客人排隊的空間
售票機
翻桌率區域
後方座位專用的出菜口
收納空間
高吧台座位
入口
高吧台座位
廁所
廚房
高吧台座位的椅子是固定的
很方便上菜，
椅子的高度與廚房員工的視線高度一致
不用另外調整
一進到店裡就能看到廚房，讓人感覺活力十足
服務人員也能立刻招呼客人
讓人保有隱私的廁所
24個座位×70%×翻桌6次×@1,350×30天=4,082,400元
店租比例9.7%

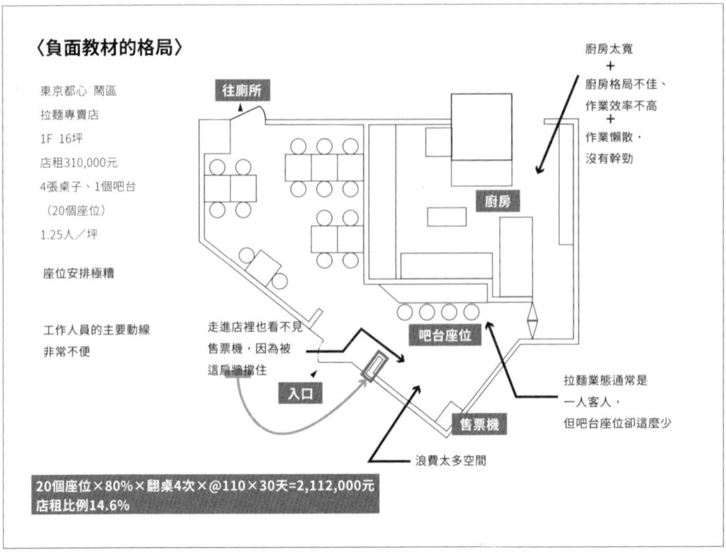
〈負面教材的格局〉
東京都心 鬧區
拉麵專賣店
1F 16坪
店租310,000元
4張桌子、1個吧台
（20個座位）
1.25人／坪
座位安排極糟
工作人員的主要動線
非常不便
往廁所
廚房太寬
＋
廚房格局不佳、
作業效率不高
＋
作業懶散，
沒有幹勁
廚房
吧台座位
走進店裡也看不見
售票機，因為被
這扇牆擋住
入口
售票機
拉麵業態通常是
一人客人，
但吧台座位卻這麼少
浪費太多空間
20個座位×80%×翻桌4次×@110×30天=2,112,000元
店租比例14.6%

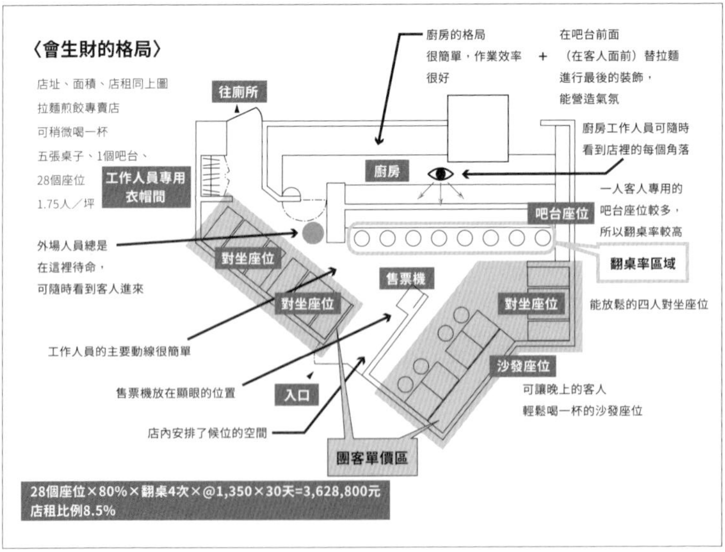
〈會生財的格局〉
店址、面積、店租同上圖
拉麵煎餃專賣店
可稍微喝一杯
五張桌子、1個吧台、
28個座位
1.75人／坪
工作人員專用
衣帽間
往廁所
廚房的格局
很簡單，作業效率
很好
＋
在吧台前面
（在客人面前）替拉麵
進行最後的裝飾，
能營造氣氛
廚房
廚房工作人員可隨時
看到店裡的每個角落
一人客人專用的
吧台座位較多，
所以翻桌率較高
吧台座位
翻桌率區域
外場人員總是
在這裡待命，
可隨時看到客人進來
對坐座位
對坐座位
售票機
對坐座位
能放鬆的四人對坐座位
工作人員的主要動線很簡單
沙發座位
可讓晚上的客人
輕鬆喝一杯的沙發座位
售票機放在顯眼的位置
入口
店內安排了候位的空間
團客單價區
28個座位×80%×翻桌4次×@1,350×30天=3,628,800元
店租比例8.5%

成功法則

01

超實用的「營業額公式」與擬訂「必勝事業計畫」的方法

計算營業額從「來客數＝座位數×座位利用率×翻桌率」開始

接著為大家進一步解說餐廳的「營業額公式」。

之前在第67頁介紹過「營業額＝來客數×客單價×營業天數」這個一般的公式，但其實這個公式不太好用，我都是利用下面這個更符合實際情況的公式計算營業額。

營業額＝實際的來客數（座位數×座位利用率×翻桌率）×客單價×營業天數

「來客數」必須根據「座位利用率」（總座位數與顧客實際坐滿幾個座位的比例，也稱為「座位使用率」。請參考第69頁說明）分析。

若使用一般的公式計算，來客數是以所有的座位都坐滿為前提（客滿）。但實際的情況不可能是這樣。到目前為止已說過很多次，團體客人的平均人數為二點七人。就算有四人座位，不管是兩個客人入座，還是三個客人入座，這個四人座位就等於坐滿了。可是若以座位利用率計算，兩個客人入座的情況才50％，三個客人入座的情況才75％，如果只有一個客人入座，座位利用率就只有25％。

雖然極為罕見，座位利用率偶爾也會超過100％，例如整間店被包下來做站著吃的自助吧，又或者只有四十個座位的店擠進七十名宴會來賓的這類情況。

不同的業態需要設定不同的座位利用率，通常範圍是五成到七成左右。

假設是一般的居酒屋，座位利用率可設定為七成，而越高級的店，就越需要將座位利用率調降至65％或60％。如果是客單價較高，以四人座位提供兩人一組的客人約會的店家，則可將座位利用率設定為55％或50％。

反觀羅多倫咖啡（Doutor Coffee）這類平價咖啡連鎖店，座位利用率應該越高越好。為了提升座位利用率，必須多配置一人座位或是吧台座位。

接著讓我們看看怎麼實際應用這個座位利用率吧。

❶ 設定座位利用率

在開業之前先預估數字，開業之後再與實際的數字比對。

要了解座位利用率，只需要知道截至目前為止的來客數以及座位數，也就是單月來客數除以桌數的意思。

如此一來，就會得到每組二點二或二點四這類平均人數。現在日本全國的平均值為每組二點四至二點七人，不到三人的水準，換言之，不管是哪裡的店，座位利用率都落在七成左右。

最重要的是，若不事先準備足夠的座位數，就無法達到必要的營業額。只有座位數足夠，再加上一定程度的座位利用率，才能達到必要的營業額，營業額也才有機會成長。

會失敗的店通常都把實際的來客數（座位數×座位利用率）看成「聊備一格」的資料。

如果**想達到必要的營業額，必須事先預估「單月來客數有多少，還要計算要接待這麼多客人需要幾張桌子或座位，以及算出座位利用率」**。知道需要多少座位才能達成目標，才能先預留樓層空間，剩下的空間再當成廚房使用。

❷ 設定翻桌率

接著讓我們談談翻桌率。

以晚餐時間（五至六小時）的翻桌率來看，居酒屋這種晚餐時間為六小時的店，頂多就是翻桌兩次，而且第二次的營業額通常只有第一次的五至六成，所以實質的翻桌率僅「一點五次」，換言之，座位數×座位利用率×1.5才是最大來客數。

假設以座位數×70%×1.5這個算式計算，當座位有一百個，乘上70%與1.5，可得出最大來客數為一〇五名。若是在這個結果乘上客單價與營業天數，就能算出單月營收（單月的營業額）。

拉高翻桌率可提升最大來客數。

拉高翻桌率意即縮短顧客「停留時間」，但前提必須是廚房與外場的效率不錯。

停留時間會影響翻桌率這點其實不難了解吧。

假設客人的停留時間為四十五分鐘，翻桌兩次就得耗費九十分鐘，如果能將停留時間降至三十分鐘，那麼九十分鐘就能翻桌三次，來客數也能一口氣增至一點五倍。

停留時間由「上菜時間」與「消費時間」組成。

所謂的「上菜時間」是指製作商品的時間（廚房操作效率），大致為十至十五分鐘，之後還要加上消費時間（客人享用餐點到結帳的時間）。若以拉麵店為例，停留時間（上菜＋消費的時間）最長不過二十分鐘，咖啡廳的平均停留時間則為三十分鐘左右（也有待一至兩小時的客人，但畢竟是例外）。

設定停留時間的時候，必須先了解多少時間能提供多少菜色，以及知道客人消費多少餐點（公克）才會心滿意足，否則要是任客人坐到開心才走，肯定不利營業額成長。店裡有客人坐著固然讓人放心，卻無法實際產生利潤。

除了大胃王之外，一般人的胃大概裝進六百至七百公克的食物就會有飽足感，所以必須先設計出適當的商品（商品開發與商品設計），再由外場與廚房攜手填飽顧客的胃。

❸ 設定客單價

座位利用率與翻桌率都確定之後，最後要乘的數字就是客單價。

街上常見的咖啡廳的平均客單價大概是三百八十元。第二章介紹的商品開發會進一步探討設定客單價的方法，而本章要討論的是客單價與單月目標營收之間的連動關係。

假設有間咖啡廳將單月目標營收設定為一千萬元，這代表每日營收必須超過三十三萬元，若將這三十三萬元除以客單價三百八十元，會得到什麼結果？

答案是每天要有九百名客人上門光顧，這數字也太驚人了吧。

假設店面為三十坪，而且「每坪可接待兩名客人」的話，每次翻桌都可接待六十人，接著以這個六十人除單日九百名來客數，會得到翻桌次數十五次這個結果。換言之，一天必須翻桌十五次，否則就無法達到單月營收一千萬元的目標。如果一天無法翻桌十五次，那麼不是改變業態，就是得調整提供的商品，藉此調升客單價。

❹製作營業額計畫

接著要製作營業額計畫。營業額計畫是事業計畫書的一環。事業計畫書的內容越詳盡，越能與相關人士分享，也越容易向銀行貸款。而且還能在開店之後，驗證一開始的計畫是否正確與快速找出問題，例如顧客的消費型態是否與當初的想像有出入，或者營業額是否因為來客數不足而無法成長。

如果是「來客數」不足，有可能得花點錢招攬客人（例如打廣告）。如果是「來客數達標，但客單價未達理想」的問題，則需要從飲料或食物的消費量找出問題，或是設計主打的商品。

有時候甚至得回頭檢視商品單價是否有問題。

虛擬店家「鹽醬內臟　滿天」（營業額計畫）

在此試著製作了一份能實際用於開業的營業額計畫。

這份營業額計畫是「鹽醬內臟　滿天」這間虛擬店的事業計畫書（第92～93頁）。

這次的店面面積為十五坪（店租四十二萬元／月、押金兩百五十二萬元）。預設在東京至神奈川的傳統商店街開店。這裡離辦公大樓區不遠，應該能有穩定的營收。座位數設定為三十三個，接近「一坪兩人」的標準。

為什麼選擇在這塊區域推出「鹽醬內臟」這種業態呢？主要是在利用第一章介紹的動機行銷法調查之後得出下列結論。

「區域特性」

這塊區域已有牛角以及各種燒肉業態存在，所以已經養出一批會來這裡吃肉的顧客。燒肉業態在此已經飽和，如果再於此裡推出燒肉業態，恐怕也只會陷入彼此競爭的漩渦，難以脫穎而出。

但同樣業態的內臟類店家卻不多，相較於燒肉業態，內臟類店家的門檻似乎更低，能大肆宣傳便宜好吃這點。實際市調之後發現，內臟類菜色越豐富的燒肉業態，越能招攬客人，而且也已經知道客人都有一定程度的消費。

「關於業態」

客單價介於三千至六千元的業態非常吸引顧客，例如居酒屋業態或是其他類似的業態就是如此，但只有全面強調「開放式的氛圍」與「商品簡單易懂」的業態，才能真的吸引顧客上門。

此外，商品單價雖然設定得比較低，但只要精準控制菜色的份量，還是能讓客人多消費一點，而且花少少錢就能吃得開心這點，也能吸引客人上門。

營業時間

星期一～四	17:00 ～ 23:00
星期五～六	17:00 ～ 23:00
星期日	15:00 ～ 22:00

設定每日的營業時間

星期日的營業額另外計算

營業額預估

平日				
	來客數	客單價	營業天數	營業額
男性	36	4,162	26	3,849,534
女性	15	2,832	26	1,122,593
星期日				
	來客數	客單價	營業天數	營業額
男性	25	4,380	4	437,089
女性	11	2,916	4	124,711
合計				5,533,928

營業額明細

總來客數	團客人數	客單價	團客人數	團客單價	每坪營業額
1,403	2.7	3,944	520	10,649	368,929

以來客數 × 客單價 × 營業天數的算式算出單月營收

* 先設定精準的來客數、客單價、營業天數以及營業額，就能在開幕之後，了解預估的數字與實際的數字有多少差距，也能知道該加強哪個部分

「鹽醬內臟 滿天」的營業額計畫

消費稅另計

以星期幾劃分一週內不同日的使用率

基本設定

面積(T)	座位數(人/T)	總座位數	男女比例
15	2.2	33	M 7：L 3

星期一～星期四、星期五、星期六

座位數	座位利用率	翻桌率	來客數
33	70%	2.2	51

星期日

座位數	座位利用率	翻桌率	來客數
33	60%	1.8	36

男女比例

	來客數	設定比率	人數	單月總人數
男性比率	51	70%	36	783
女性比率	51	30%	15	335

男女比例

	來客數	設定比率	人數	單月總人數
男性比率	36	70%	25	200
女性比率	36	30%	11	86

設定消費商品

分開計算男性與女性的消費量

消費型態

男性	品項	單價	點單次數	營業額
飲料	生啤酒	480	2.2	1,056
	威士忌蘇打	390	2.6	1,014
食物	內臟	280	2.9	812
	副餐	380	2.1	798
	冷麵	580	0.4	232
	小菜	250	1	250
男性平均客單價				4,162

女性	品項	單價	點單次數	營業額
飲料	生啤酒	480	1.2	576
	威士忌蘇打	480	1.8	864
食物	內臟	280	2.3	644
	副餐	380	0.7	266
	冷麵	580	0.4	232
	小菜	250	1	250
女性平均客單價				2,832

消費型態

男性	品項	單價	點單次數	營業額
飲料	生啤酒	480	2.4	1,152
	威士忌蘇打	390	2.6	1,014
食物	內臟	280	3.2	896
	副餐	380	2.2	836
	冷麵	580	0.4	232
	小菜	250	1	250
男性平均客單價				4,380

女性	品項	單價	點單次數	營業額
飲料	生啤酒	480	1.2	576
	威士忌蘇打	480	1.8	864
食物	內臟	280	2.6	728
	副餐	380	0.7	266
	冷麵	580	0.4	232
	小菜	250	1	250
女性平均客單價				2,916

點單次數以點幾道菜為基準，例如1.2道×2.7人=3道，換言之，一組客人會點3道菜

「動機方面」

這個區塊的客層較喜歡濃厚紮實的調味以及簡單易懂的商品，也喜歡門檻較低，能開開心心放鬆的業態。乍看之下，他們似乎較歡迎低客單價的業態，但就結果來看，飲料的消費比例較高，客單價也跟著飲料的消費量上升，只要能在客單價四千元之內提供較高的商品價值就有十足的勝算。此外，就算是平日，也有一群客人會在過了下午四點之後出來喝酒，所以到晚上十一點之前，應該不用擔心沒生意，翻桌兩次的機率很高。

此外，由於已經掌握「國產豬內臟」的進貨管道，所以能打出「只採購徹底追求新鮮、安心、安全的國產豬內臟，並於採購當天就用完」的賣點，推出「鹽醬內臟」業態。

接著讓我們將「鹽醬內臟　滿天」套入燒肉業態的業態定位圖。

餐廳的定位圖會以價位、客單價為縱軸，以內部裝潢、環境為橫軸。可以發現「鹽醬內臟　滿天」落在定位圖的「低客單價」與「低投資、重視效率的內部裝潢」的區塊。

店租為單月營收的一成（都會區10%、全國6%、最高不超過15%）算是適當的比率，而「鹽醬內臟　滿天」的單月營收為五百五十萬，店租為四十二萬，所以店租與單月營收的比例為7.6%。

接著讓我們再看一次92～93頁的「營業額計畫」。

這份計畫設定的男女比例為七：三，也預估了男性與女性的消費型態、平日與周末的座位利用率（星期一到六是七成、星期日是六成）與翻桌率（星期一到六是二點二、星期日是一點八）。這間店目前沒有午餐時段，若要在午餐時段營業，可如法炮製，設定座位利用率與翻桌率，預估可能的單月營收。

「鹽醬內臟滿天」燒肉業態的定位圖

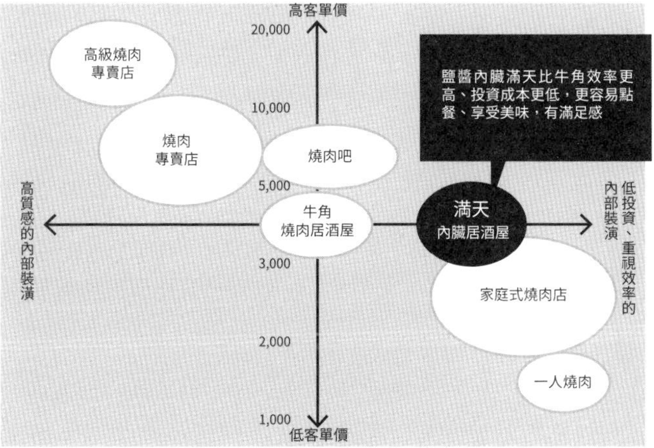

第二章的「成功法則02」（141頁）將一步步帶著大家討論「鹽醬內臟 滿天」的商品戰略。

第 2 章

料理與菜單的「禁忌」

該做的不是「美味的料理」

而是「賣得好的商品」與「能賺錢的商品」

法則 08

「美味的料理」與「銷路好的商品」是兩碼子事

⊘ 要追求的不是自己覺得「好吃」，而是客人覺得「好吃」

⊘ 「適當地」使用化學調味料是「做生意」不可或缺的一部分

每個地區的客人都有自己「心目中的美味」

「太過堅持料理的美味」有時是餐廳失敗的原因之一。許多人以為「只要料理美味，生意自然會好」，但其實這是大錯特錯。

料理美不美味，與生意是否興隆毫無關係，因為即使是米其林星級餐廳，經營不善的例子可是多不勝數。

敢問大家一句，你真的覺得熱門店的料理很好吃嗎？

比方說，吸引很多消費者的漢堡專賣店或大型牛丼專賣店的料理真的好吃到會讓你大喊「超好吃～」嗎？這些店的味道其實不怎麼樣，但門檻卻很低（能快速上菜或是很便宜），所以才吸引很多顧客上門光顧。

意思是**餐廳要想提高利潤，需要的是「熱銷商品」而不是「美味的料理」。**而且能不能打造徹底符合「熱銷」概念的商品（料理），是生意是否興隆的關鍵。

話說回來，「好吃」的定義到底是什麼？

「好吃」的鹹度應該是百分之幾？口感應該怎麼樣才適當？硬度呢？上菜時的溫度應該介於幾度？

有人能夠定義這一切嗎？無法定義的稱為「模棱兩可」，每個人會有不同的定義是天經地義的事。

關於「好吃」的定義，讓我藉由之前同時為博多（福岡市）與八戶市的客戶開發業態的例子解說吧。那時這兩位客戶都希望開一間「能提供鄉土料理的店」，也都希望「能與其他店家形成差異」。

就結果而言，博多的客人開了一間蕎麥麵居酒屋，八戶市的客人開了烏龍麵居酒屋。

博多的蕎麥麵居酒屋會在用餐的尾聲推出沒有嚼勁的蕎麥麵。

博多人愛吃的烏龍麵都是沒有嚼勁的。博多是烏龍麵傳入日本的起點，沒有嚼勁是這類烏龍麵的特徵，不管去哪間店，烏龍麵都軟得像是斷奶食品。為了讓當地居民吃到「軟趴趴」的熟悉口感以及做出差異化，才決定推出這種「沒有嚼勁的蕎麥麵」。

這項方案很快就被接受了。在歸途的飛機上，同行的東京業者問我：「須田先生，為什麼會選用毫無口感又難吃的麵條呢？」想必這位業者是以東京人心目中的「好吃」做為標準，才會這麼問吧。

對此，我的回答是：「博多屬於沒有嚼勁的麵條才好吃的文化。你只要試試當地人吃的東西，就會知道為什麼了。」

反觀八戶市的烏龍麵居酒屋則將重點放在麵湯的鹹度。

青森縣的調味若是沒有濃到一吃就知道，顧客就不會買單，因為當地人覺得在醃得很鹹的醬菜上淋醬油才「好吃」。

就常理而言，外食的味道必須鹹一點，銷路才會好，但是青森縣的特徵是味道不比這個尋常程度還鹹，就無法征服青森在地客人味蕾。

不管是哪間店，重點都該放在當地客人心目中的「好吃」，而不是東京人以為的「美味」。

我想大家透過這個例子已經明白，世界上**沒有「所有人都覺得好吃的味道」**。

使用得當，化學調味料將成為「一大利器」

讓我們回到「餐廳要想提高利潤，需的是『熱銷商品』而不是『美味的料理』」這個話題。

最適合用來創造熱銷商品的利器就是化學調味料（谷氨酸鈉，又稱味精）。

化學調味料是從昆布、蔬菜萃取鮮味成分製成，所以要想吸引大批顧客，絕少不了這項調味料，使用得當，味道就會變得鮮明。

還記得以前曾為了市調去了一間銀座的高級燒肉店。

這間店的套餐價格為兩萬八千元，若是加點酒精類的飲料，每個人得付到三萬五千至六千元，但即使是如此高貴的店，還是使用了化學調味料，只是盡量不讓一般的客人吃出來而已。大部分的顧客已經習慣加了化學調味料的食物，所以都覺得這家店的燒肉很「美味」，也吃得心滿意足。

若以燒肉業態為例，第一道菜先上包肉壽司卷或是烤牛肉迷你丼，一定能提升顧客的滿意度，因為動物性蛋白質光是搭配碳水化合物就足以滿足顧客的口腹之慾，若能再疊上一層谷氨酸鈉的鮮味，整個大腦便會興奮得樂不可支。

建議大家先知道這個祕訣再著手開發菜單。

到目前為止，我也曾替很多間堅持不使用谷氨酸鈉的店家設計菜單，但是要在「不使用化學調味料」的前提下勝過熱門餐廳的「暢銷風味」，得有一定程度的覺悟，因為絕對很辛苦。

此外，料理這種商品必須重視所謂的「再現性」。

既然是開店做生意，每天提供的料理當然得是始終如一的味道，而且不只是老闆能做到這點，連員工都得能做到這點。

能否在壓低成本的前提下，流暢而大量地重覆提供具有價值的料理呢？請從做生意的角度重新審視您店裡的料理。

為了避免誤會，我一點要事先聲明。我不是要大家「一定要使用谷氨酸鈉」，而是希望大家「適當地使用」，我想強調的是，要提升料理的再現性以及壓低成本，「適當地使用化學調味料比較合理」這個概念有多麼重要。

比方說，市面上也有鰹魚風味的化學調味料。

這種化學調味料很常用來煮味噌湯，你都怎麼使用這種化學調味料呢？一般會在盛一鍋水之後，就倒入這種化學調味料，但我只在最後的最後才加。

我的做法是先煮一鍋熱水，接著依照一般的步驟熬煮高湯，接著倒入味噌，做出味噌湯底。將豆腐、泡開的海帶芽、用熱水燙掉油脂的豆皮以及其他食材放入味噌湯的碗裡之後，等到要上菜的前一刻再倒入味噌湯底，然後撒一小撮的鰹魚風味的化學調味料。如此一來，就能煮出鰹魚風味竄入鼻腔，味道又十分正統的味噌湯。鰹魚風味的化學調味料若只扮演補足味道的角色，就只有鮮味成分與鹹味，若在最後收尾時當成「增添香氣的調味料」使用，才能真的煮出美味的味噌湯。

希望大家不要一開始就拒化學調味料於千里之外，也希望大家知道化學調味料用得好，會有許多額外的好處。

我從二十三歲就一直提倡要創造熱賣商品這個概念。餐點好吃的餐廳的確存在，美味的料理也是飲食文化的要角之一，但從餐飲界的觀點來看，商品賣不出去，就無法讓顧客知道該商品的價值，也無法傳遞喜悅與感動，所以我才會堅持要創造熱賣商品，而不是美味的料理，哪怕有可能遭人誤會。

「美味」當然是熱賣商品的元素之一，所以就我而言，更該進一步思考的是如何讓商品的味道更臻完美，同時提升商品的再現性以及讓價值最大化。

身為主廚，擁有一間店，與顧客共享部分時光的人生的確美妙，但如果料理賣不出去，生活就無以為繼，也無法讓如此重要的顧客體驗幸福。我認為，餐飲業的本質就是讓更多顧客得到有趣又美味的體驗。希望大家都能將打造「熱賣商品」這個概念牢牢記在心裡。

法則
09

若遵守「成本率30%」的原則，本來能賺錢的店也賺不了錢

⊘ 準備吸引顧客上門的「攬客商品」與營利的「獲利商品」

⊘ 要知道哪些商品「容易獲利」，哪些商品「利潤很低」

「攬客商品」與「獲利商品」

設計菜單的時候，必須思考「攬客商品」與「獲利商品」這兩個部分。

攬客商品能讓每個客人一看到商品名稱，就能想像味道的料理。

攬客商品的價值必須遠比其他店家的商品來得高，例如明明很平價，卻很美味，份量又很夠，或是上菜速度很快。只要能順利設計出攬客商品，就能在顧客的心目中留下「說到那一帶

的話，〇〇店很好吃吧」＝「〇〇很好吃的店」這種印象。

「啊，你是說那間炸豬排很好吃的店吧」（雖然是燒肉店，但午餐時段的炸豬排很好吃）

「你是說那間串燒店吧」（明明是海鮮居酒屋，但串燒很美味）

一旦能留下這類印象，顧客就會忘了店名，只記得有哪些料理很好吃。

攬客商品不需要是高單價的商品，可以使用容易取得的食材做成平價料理，讓每個客人都能輕鬆的點下去。如果能將價錢壓到一千元或甚至五百元以下，讓每桌至少都點一次，又或者是因為跟啤酒或蘇打威士忌很對味，每位客人都願意點一次的話，那絕對是最強的攬客商品。

由於知道這項商品是必點，所以廚房也相對輕鬆，因為能夠一次先做好一堆備用。

攬客商品就像是「攬客熊貓」，得抱著「吃虧就是佔便宜」的想法，多花點成本拉高商品的價值。由於是想回饋顧客，所以就算成本率高達四成、五成甚至六成，也得有所覺悟。

以低利潤的攬客商品吸引客人的同時，要另外設計能穩定獲利的獲利商品。

獲利商品屬於成本介於15%至20%之間，絕對能穩定獲利的商品，最理想的策略就是搭配攬客商品一起推銷。

＊成本率是以「成本÷售價」計算，毛利率是以「利益÷售價」計算。

雖然餐飲界有「商品的成本率必須符合30%」的法則，但這個法則充其量是種幻想，只可惜遵循這個法則的人還不少。

很常見的情況之一就是原本想以四百五十元的價格銷售成本一百元的商品，卻因為成本率必須符合30%，所以只賣三百元，而且大部分的店真的都這樣定價。

一旦如此定價，原本能賺錢的商品也會搞得賺不了錢，生意也一直陷入低潮。

生意做得太辛苦就沒什麼好做的。我的想法是，「既然要做生意，就要在能獲利的部分獲利」。

想從顧客口袋掏出三千元的話，就提供價值不遜於三千元的商品，如果希望顧客掏出四千五百元，也希望客人覺得花錢花得很值得，就提供花四千五百元也覺得賺到的商品，如此一來，「那間店很棒喲（很值得去）」的口碑自然會在顧客之間傳開。

換言之，提供預期價值之上的商品就是獲利的原理。

所謂**「成本率30%」的法則只需要解釋成「攬客商品、獲利商品以及其他商品的成本加起來，最終的成本率大概落在30%」就夠了。**

攬客商品與獲利商品的實例

接著為大家介紹攬客商品與獲利商品的實例。首先要介紹的是知名串燒店「鳥貴族」的攬客商品與獲利商品。

鳥貴族的攬客商品是均一價的串燒，主要是以每串二九八元的價格吸引顧客。

不過，光是賣串燒是賺不了錢的，所以需要有獲利商品助攻，而鳥貴族的獲利商品就是高麗菜盤與酒精飲料。酒的成本率通常落在較低的8%至20%，但生啤酒則是例外，每杯的成本大概是一八〇至一九〇元。為了讓成本率較低的飲料多賣幾杯，鳥貴族還另外設計了高麗菜盤這項獲利商品。高麗菜盤這項商品不僅調成讓顧客想喝酒的味道，還能無限續盤，所以顧客通常會不斷點酒。

餐飲業的料理有「會不會想配飯或配酒」這項判斷準則，意思是將白飯或酒當成獲利商品，而鳥貴族的確充份應用了這項準則。

此外，「餃子的王將」的煎餃不僅是攬客商品，也是獲利商品。

早期的拉麵店是採用降低拉麵的售價，透過生啤酒與煎餃盈利的策略。為了不像居酒屋一樣陷入削價競爭，所以將啤酒的售價設定在五五〇元。比啤酒更能獲利的是煎餃，相較於成本在一八〇至一九〇元的生啤酒，每顆煎餃的成本只需幾元而已。

不過煎餃的缺點在於上菜時間較長，要煎熟冷凍的煎餃需要一定的時間，但「餃子的王將」的情況比較特別，因為煎餃幾乎是必點的菜色，所以從中央廚房送來的煎餃也不需要事先冷凍。換言之，這些煎餃只經過冷藏，所以能迅速煎熟以及快速上菜，形成非常理想的循環。

接著為大家介紹其他店家的攬客商品與獲利商品。

我的故鄉（北海道帶廣市）有間名為平和園的燒肉店，這間超級老字號的燒肉店年營業額超過十億元。

這間店的攬客商品為成吉思汗烤肉，但讓人意外的是，成本率居然高達75%。

這間店的獲利商品為成吉思汗定食、橫隔膜、牛肋排、韓式涼拌菜，顧客通常不會只點成吉思汗烤肉，還會順便點其他料理，所以整體而言，算是能夠賺錢。

該怎麼打造獲利商品？

想必大家讀到這裡已經知道獲利商品有多麼重要了吧？

或許有讀者想立刻著手設計獲利商品，但在開始之前，想讓大家先知道哪些商品不能成為獲利商品，哪些商品可以成為獲利商品。

很難成為獲利商品的是大家都熟悉的商品。換言之，就是光聽到名字就能想像味道的料理，因為顧客很容易推測出這類料理的成本。

假設這類商品很多人點，那麼單就數量而言，還是能成為獲利商品。即使這類商品的成本降不下來，只要有很多顧客人點，就能事先備好食材，降低烹調的困難度（成本），就結果而言，的確能成為獲利商品。

最能成為獲利商品的代表案例，就是居酒屋的綜合串燒或是綜合生魚片。將多樣商品湊在一起，能讓顧客更方便點，店家也能因此拉高營業額與利潤。

法則10

無法正確掌握熱銷商品與滯銷商品就無法盈利

⊘經營者必須捨棄自以為是的態度與虛榮心，冷靜分析自家店面的狀態與熱門店家的成功因素。

⊘從銷售數量、營業額、利潤額這三個項目以ABC分析法評價每項商品，ABC分析法將可發揮強大的威力。

從顧客的刪除法誕生的熱門菜單

「我們飯店的餐廳有很多菜色，其中咖哩很受歡迎喔」，某位富山的旅館的社長這麼說。

這位社長雖然沒有秀出數字，卻很有自信地說「我們家的咖哩賣得最好」，但坐在旁邊聽到這番話的員工卻露出有苦難言的表情。

接下這次諮詢案件的我很好奇「到底是怎麼樣的咖哩」，於是在午餐時段去了這家飯店的餐廳。我看到菜單的下個瞬間就明白咖哩受歡迎的原因了。

原來這間餐廳能安心享用的料理只有咖哩，其餘都是「○○三明治」、「○○義大利」這類無法從名稱猜出味道的謎樣料理，不然就是知道是什麼料理，「但可能會等很久才上菜」，沒辦法在午餐時段點的費時料理。

由於咖哩是所有餐點之中最方便點的料理，所以消費者在別無選擇之下只好點咖哩。實際採訪點咖哩的消費者之後，大家都回答「因為最方便點」、「因為最不用等」這類答案，根本沒有人回答「因為想吃這間店的咖哩」，這才讓社長誤以為自家的咖哩「最受歡迎」。

這間餐廳使用的咖哩醬是餐廳專用料理包，所以只要不犯大錯，基本上味道不會走樣，但長此以往，客人遲早會吃膩。

富山縣位於以金澤咖哩知名的石川縣旁邊，原本就是咖哩很受歡迎的區域，所以當時我跟社長建議「要做就做到底，讓我們把咖哩做得更好吃吧」。

我設計了以兩種咖哩醬為基底，利用混搭與配料，組合出六種口味的咖哩飯。咖哩這類料理的厲害之處在於就算基底相同，只要以不同的方式混搭，或是搭配不同的配料，就能烹調出不同種類的品項。

讓經典的咖哩成為主要菜色之後，我進一步從菜單拿掉銷路不佳的三明治，如此一來就不需要另外採購麵包，經營效率因此提高。

其實有不少經營者都很像這間旅館的社長，不是對自己的店太有信心就是有太多的自以為是，不然就是因為虛榮心以及對於熱門店家的忌妒，看不清楚自家店面的狀況，也就不懂得謙虛為何物。

其實有不少經營者不調查同業態的熱門店家，而且就算調查，使用的方法也不對，不然就是被自己的虛榮心或忌妒心沖昏頭，無法冷靜地分析與判斷熱門店家的成功因素。

如果能在調查競爭對手的店家時，從學習的角度冷靜觀察，應該就能向隔壁客人如此提問。

「請問一下，您今天為什麼會來這間店呢？您喜歡這間店什麼地方呢？」

能做到這件事的經營者，日後一定會成長。

利用ＡＢＣ分析法，將一項商品分成三個項目分析

如果想冷靜分析自家店面的經營現況，建議使用ＡＢＣ分析法。我去拜訪客戶時，一定會先把ＡＢＣ分析的資料讀過一遍，但很多人覺得ＡＢＣ分析不太重要。

常見的ＡＢＣ分析法是先統整上一個月的營業額，並將累計業績佔整體業績70％的熱銷商品分為Ａ級，將佔整體業績20％的商品歸類為Ｂ級，再將佔整體業績最後10％的滯銷商品列為Ｃ級。

以這種營業額為基準的ＡＢＣ分析法，可在分析當月的上旬至中旬算出上一個月的結果。由於過了一段時間才得到結果，所以很可能對結果失去興趣，只想知道上個月「這個商品還不錯」、「這個商品不太行」、「這個商品比預期受歡迎」、「這個商品不太受歡迎」這類結果，這與多數人面對運動比賽結果的態度一樣，最終只想了解得分以及勝負關係。

反正高價商品就是會佔據前段班的位置，所以就算看了結果，也跟自己預估得差不多，所以

覺得沒必要特別進行ABC分析。

此外，ABC分析法不受重視的另一個原因就是不知道該怎麼利用它去擬訂營業策略。其實我很常使用ABC分析法，而且不是把ABC分析法的結果當成事後確認的資料使用，而是當成準備推行某些計畫的預備資料使用。

我最常使用的ABC分析法，是將一個商品分成三個項目分析。ABC分析法通常只有營業額這個項目，但我另外增設了銷售數量與利潤額這兩個項目。換言之，我會針對每項商品的銷售數量、營業額與利潤額進行ABC分析。

大致上就是將某個商品的銷售數量、營業額與利潤額分級為A，以及將另一項商品的銷售數量分級為A、營業額為B、利潤額為C的情況。

這麼做可一眼找出銷售數量較高的商品、營業額較高的商品以及營業利益率較高的商品。

假設某項商品的結果是「銷售數量為A級」、「營業額為A級後段班」、「利潤額為B級」，那麼這項商品就是「攬客商品」，因為銷售數量很高，代表客人幾乎都會點這項商品，但攬客商品本來就屬於定價極低（為了讓客人覺得划算），不是要與其他店家一爭高下的商品，所以營業利益率肯定不高。換言之，銷售數量與營業額雖然都很高，但利潤額只有B級。

假設另外有一項商品是「銷售數量為B級前段班」但「營業額與利潤額卻是A級的前段班」，這代表銷售數量雖少，卻撐起了營業額，也貢獻了不少利潤。

這種商品就屬於「獲利商品」，不然就是未來可能獲利的商品。位於B級前段班的商品很可能成為獲利商品，只要善加規劃，就有可能增加利潤。

這項商品的售價很有可能稍稍超過一千元。由於是與攬客商品一起推銷，所以銷售數量也上升至B級的前段班，但還擠不進A級，而較高的售價也有助於提升營業額與利潤，所以是非常優良的商品。

攬客商品直接成為獲利商品的實例

最理想的情況就是攬客商品就是獲利商品。如果能開發出「銷售數量A、營業額A、利潤額A」的商品當然是再好不過，問題是這個理想很難實現。

話說回來，還真有店家做到了。

位於宮崎縣延岡市的「ogura」是南蠻炸雞的創始店，而南蠻炸雞這項商品既是攬客商品，同時也是獲利商品。

每個來到這家店的客人當然是為了南蠻炸雞而來，而且最受歡迎的是雞胸肉的部位，所以利潤也很高。之前這間店曾稍微調整食譜，讓成本稍微下降了一點。

剛剛我說，我習慣將ＡＢＣ分析法用於「準備推行某些計畫」，意思是，到底要將最推薦的商品放入等級Ａ，還是大膽一點，將該商品歸類為等級Ｃ的意思。

如果找到「今後有可能會大賣的商品」，就應該投注大部分的資源在這項商品。假設商品未如預期擠進等級A的前段班，必須徹底檢視該商品，例如從調味、外觀、份量（比例）、上菜溫度、上菜時間以及各方各面找出無法擠進等級A前段班的原因（只要改善缺點，通常都能變成熱賣商品）。

下列是我個人的結論，但熟悉ＡＢＣ分析法的讀者一定會同意我這番看法。

・最多客人買的商品，就是客人最想體驗的商品（銷售數量）：攬客商品
・營業額最高的商品是讓業績穩定的商品。（營業額）
・利潤最高的商品是讓公司賺錢的商品。（利潤額）：獲利商品

利潤額基準

	商品	單價	利潤額	銷售數量	營業額
等級A	B−1	2480	339,264	190	471,200
	A−2	680	323,680	680	462,400
	A−5	880	316,800	480	422,400
	A−4	800	280,000	500	400,000
	A−7	890	199,360	320	284,800
	A−3	440	188,496	630	277,200
	B−2	1380	168,912	180	248,400
	A−1	480	134,400	700	336,000
	A−6	430	128,570	460	197,800
	B−4	1100	120,450	150	165,000
等級B	A−8	580	118,320	300	174,000
	B−3	890	99,680	160	142,400
	B−6	870	79,170	130	113,100
	A−9	400	76,160	280	112,000
	B−5	670	68,005	145	97,150
	A−10	360	56,304	230	82,800
	B−7	580	55,680	120	69,600
	B−8	460	27,600	100	46,000

A-1與A-2雖然是相同分類的商品，但A-2的售價高出200元，利潤也高出30%
A-1的平均利潤為192元，A-2的平均利潤為476元

ABC分析法的範例

銷售個數基準

	商品	單價	銷售數量	營業額	利潤額
等級A	A-1	480	700	336,000	134,400
	A-2	680	680	462,400	323,680
	A-3	440	630	277,200	188,496
	A-4	800	500	400,000	280,000
	A-5	880	480	422,400	316,800
	A-6	430	460	197,800	128,570
	A-7	890	320	284,800	199,360
	A-8	580	300	174,000	118,320
	A-9	400	280	112,000	76,160
	A-10	360	230	82,800	56,304
等級B	B-1	2480	190	471,200	339,264
	B-2	1380	180	248,400	168,912
	B-3	890	160	142,400	99,680
	B-4	1100	150	165,000	120,450
	B-5	670	145	97,150	68,005
	B-6	870	130	113,100	79,170
	B-7	580	120	69,600	55,680
	B-8	460	100	46,000	27,600

營業額基準

	商品	單價	營業額	銷售數量	利潤額
等級A	B-1	2480	471,200	190	339,264
	A-2	680	462,400	680	323,680
	A-5	880	422,400	480	316,800
	A-4	800	400,000	500	280,000
	A-1	480	336,000	700	134,400
	A-7	890	284,800	320	199,360
	A-3	440	277,200	630	188,496
	B-2	1380	248,400	180	168,912
	A-6	430	197,800	460	128,570
	A-8	580	174,000	300	118,320
等級B	B-4	1100	165,000	150	120,450
	B-3	890	142,400	160	99,680
	B-6	870	113,100	130	79,170
	A-9	400	112,000	280	76,160
	B-5	670	97,150	145	68,005
	A-10	360	82,800	230	56,304
	B-7	580	69,600	120	55,680
	B-8	460	46,000	100	27,600

A-1：銷售數量為第1名，營業額為第5名，利潤額為第8名，屬於攬客商品
B-1：銷售數量（等級B）為第1名，營業額（等級A）為第1名，利潤額（等級A）為第1名，屬於獲利商品
A-2：銷售數量為第2名，營業額為第2名，利潤額為第2名，屬於隱性的人氣商品、攬客商品與獲利商品
只要穩定地銷售這三樣商品就沒問題了

法則 11

廚師擅長烹調，卻不擅長設計「菜單」

⊘ 最該先開發的是「顧客想吃的料理、喜歡的料理（＝熱銷商品）」。運用「市場導向」（Market In）的概念」吧。

⊘ 經營者要與廚師徹底分享希望製作的新商品的概念。

開發新商品是經營者的責任

大部分的餐廳都會在開發新商品（菜單）的時候遇到困難。最常見的困難就是廚師開發的是「自己擅長的料理」、「自己煮得出來的料理」或是「自己喜歡的料理」，而不是「客人想吃的、喜歡的料理（＝熱銷商品）」。

廚師是埋首研究料理的專家，擁有許多與料理有關的知識與資訊，而且烹調的經驗遠遠勝過老闆，所以能隨時煮出同一道料理。

但容我大膽的說，**廚師懂烹調，卻不懂商品開發。**如果廚師本身就是經營者，那麼當然另當別論，但如果經營者與廚師不是同一人，此時就算經營者想開發熱銷商品，廚師也不一定聽命行事，又或者廚師只煮自己擅長的料理，最常見的就是經營者叫不動廚師的情況。

最糟的情況是經營者將開發新商品的重責大任全交給廚師，再從廚師端出來的試作品選出新商品。一旦如此，餐廳就只能提供廚師煮得出來的菜色，無法提供顧客想吃的料理。

這種忽略消費者的方式無法開發出顧客想要的商品。只根據拿手與擅長的料理開發菜色，終究只能開發出孤芳自賞的料理，銷路絕不可能理想（順帶一提，這類以商品為導向的行銷用語為「產品導向」（Product Out））。

經營者與廚師必須先有共識

若想**開發熱銷商品，第一步是基於「市場導向」（簡單來說，就是以顧客為主體）的概念，調查「顧客的需求」與了解「顧客的喜好」，而不是像無頭蒼蠅般突然就著手開發。**

整個流程就是進行市場調查，徹底挖出在地顧客想要的商品，再根據「有可能熱銷」的方向設計商品。換言之，在開發商品時，已經知道什麼商品會熱銷，之後就是交由廚師開發這項商品。

廚師擁有經營者無法想像的料理相關知識，但這間店的概念或是這間店提供的料理，卻是由經營者決定，這也是經營者的工作。

餐廳的經營者都必須知道自己難以讓廚師知道自己的想法，如果要開發熱銷商品，必須先與廚師分享自己對於新商品的概念。

不過有一點要特別注意。

一旦對話出現「我覺得應該是…」的內容時，人類習慣將所有的注意力放在這部分的內容，也會因此停止思考，之後就無法讓對方聽完後面重要的部分，對方也會自行將你剛剛說的部分編成另一個故事，最後只回答一句「我聽懂了」，但其實對方完全沒聽進去。

若問廚師最在意哪個字眼的話，不外乎「像〇〇（店）的味道」。例如當經營者說出「像陳先生店裡的麻婆豆腐的『擺盤』就……」的時候，廚師會先想到「那個麻婆豆腐超辣的，應該使用了很多辣油，也利用山椒調出麻麻辣辣的口感」，然後根據這個想法開發。明明經營者想強調的是擺盤的方式，但會錯意的廚師會做出完全離題的試作品。

經營者必須善用廚師的這個習性。

經營者若有想開發的料理，可帶廚師去一些概念與該料理相近的店。「你看，我要的就是這個單價，這種濃郁的味道，這個份量*、這種刺激感官，促進食慾的方式或是這種命名方式」，讓廚師實際了解你的想法。

＊份量指的是「一口大小或超大碗」的份量；刺激感官，促進食慾的方式則是用脆脆的、多汁的、酥脆的這類擬聲語將口感更加具體化。重點是畫成圖片。人類習慣以視覺感知事物，據說有70%以上的資訊來自視覺，所以能視覺化的文字特別有效果。

接著以「你看，吃了這道菜的顧客有這種反應，我希望在我們店裡看到一樣的反應」這類具體的敘述說出你的想法。

不這麼做，廚師就無法了解你的想法。廚師的大腦塞了一堆與料理有關的資訊，所以少了這些實際體驗與具體的描述，就無法了解經營者到底在想什麼。

大部分的廚師都能重現吃過的料理，所以回到自己的店裡後，先請廚師煮一次剛剛吃到的料理，接著與廚師討論「如果要在我們的店裡提供這道菜，應該不能這麼辣吧？還是要多一點鮮醇的風味呢？要保留原本的刺激感或是份量嗎？」一同開發熱銷商品。一旦彼此有了共識，就能有效率地開發商品，而且商品有很高的機率是符合經營者的想法的。

可惜到目前為止，幾乎沒有經營者做到這一步。明明連自己的想法都說不清楚，還大聲嚷嚷什麼「叫不動廚師」、「廚師很頑固」，把廚師嫌得一文不值。

在這種狀況下，不管請來多麼厲害的廚師，也不可能開發出「熱銷商品」。

經營者必須先了解廚師的習性，調整自己的溝通方式。

從今後的餐飲業發展來看，應該更積極地聘用廚師，善用廚師的專才。在工作方式開始改革，勞動條件也逐步改善的現代，要想徹底提升商品價值與穩定地經營，聘用廚師是絕對必要的。

法則 12

替團體客上菜時，沒辦法一次上齊會被討厭喔！

⊘「不能一次替同桌的團體客上齊料理」，不僅客人會感覺很差，也不利提升經營效率。

⊘只有前置作業做得徹底，才能「有效率地烹調」。

料理能否「一次上齊」，將決定翻桌率與座位利用率是否能夠提升

大家有沒有遇過下列的情況。

假設你跟客戶還有同事，三個人一起去吃午餐，你點了A餐，同事點了B餐，客戶點了C餐，結果A餐先送來，緊接著B餐送來，但兩分鐘過了、三分鐘過了，客戶點的C餐卻遲遲不送來……。

雖然客戶客氣的說：「沒關係，你們先吃」，但是你跟同事怎麼好意思開動，只好開始東扯西扯，希望讓這段時間不那麼尷尬。

你向走來附近的服務生問：「請問，C餐還沒好嗎？」服務生只回答：「請您再稍等一下」就逕自往廚房走去……。

光是最後的C餐沒來，就搞得三個成年大人吃也不是，等也不是。

C餐送來的時候，之前上的兩個午餐應該早就冷掉了，而且就算應客戶的建議先吃，客戶也會為了追上你們而吃得狼吞虎嚥。讓你用餐用得這麼不愉快的店家，你還會常來嗎？

想必大家已經知道，只要有團體客上門，哪怕點的是不同的料理，也得同時上菜。我敢說，這絕對是餐廳的基本常識。

其實同時上菜不僅是一種服務，更是提高業績與利潤的手段。

假設替一號桌的客人同時上菜，接著替二號桌的客人同時上菜，接著替三號桌的客人同時上菜，吃完的客人就會照著這個順序結帳，服務生也能順利地將客人帶到每個位子上。

換言之，**同時上菜有利提升翻桌率。**

只可惜，許多店家都做不到這點。

由於不是同時上菜，所以客人很難在同一個時間點吃完，桌子也遲遲空不出來，最先開始吃的客人得等到所有人點的餐都來了才能把餐點吃完。等到所有餐點上齊，大家也都吃完了，客人又得一窩蜂擠在櫃台排隊結帳。

一旦帶位的服務生忙著幫客人結帳，就沒辦法帶新的客人入座，也沒辦法收拾桌面，所以只能跟客人說「有空位都可以坐」。這麼一來，座位利用率就會下降，業績也跟著下滑。

要同時烹調的是「同一桌的料理」，而不是「相同的料理」

沒辦法同時上菜的問題出在廚師（廚房）身上。

假設某間店有十桌四人桌，每桌都坐了三位客人，要提供三十份餐點，而這三十份餐點又分成A料理、B料理、C料理三種。

此時廚房應該會收到十桌的點單。

假設一桌、三桌、七桌的客人都點了A料理，大部分的廚師會先從A料理開始烹調，等到A料理的部分搞定，接著繼續烹調B料理，再烹調C料理，換言之，同一種料理一起煮，效率比較高。

這種烹調方式或許對廚師比較有效率，但是對整間店是好事嗎？多數的經營者聽到廚師說「同樣的菜一起煮比較有效率」之後，通常只會點頭，讓廚師決定上菜的順序。

可是這麼一來，就沒辦法為同一桌的客人同時上菜。假設某桌客人同時點了A料理、B料理與C料理，那麼A料理會先上菜，等幾分鐘之後，換B料理上菜，再等幾分鐘才換成C料理上菜，那這不是跟剛剛介紹的情況如出一轍嗎？

只要走到外場，看看客人是用什麼表情等上菜，就會知道這種烹調流程或許對廚師來說很方便，但對整間店絕對不是好事。如果想要留住客人，不管廚師怎麼說，你的店都必須堅持「同一桌同時上菜」這個原則。

備菜備得好，就能迅速煮出美味的料理

其實有許多店都不懂什麼是「有效率的烹調流程」。

先寫出從備菜（前置作業）到實際烹調的流程，就能依照這個流程，有效率地烹調料理。

除了烹調的食譜之外，也要將備菜的流程寫成食譜。

下列就是這類食譜的範本。

「湯頭的熬製方法與儲存方式」

「備菜的種類（切大塊、切丁、滾刀切、切絲）」

「肉類的前置作業（午餐要用的肉要先煮熟。若要切塊，以生鮮的狀態保存，就要先瀝乾肉汁，讓肉塊保持乾燥）」

接著讓我們以炸雞塊為例。

假設前置作業的食譜是「先以低溫炸到七、八分熟」，接單之後才開始烹調的食譜是「以高溫的油炸鍋炸到全熟」。之所以分成兩個部分，是為了炸出表皮酥脆的炸雞塊。

只要依照這個流程烹調，就能在兩分鐘之內端出炸雞塊。

另外要考慮的是，這道炸雞在端到客人的桌上之前會因為餘熱催熟這點。

以相同的步驟炸雞胸肉，並在盤子鋪一些蔬菜，以及淋上醬汁，可另外煮出油淋雞這道料理。

這麼做，才算有效率。

要想提升烹調效率，前置作業非常重要。

不懂這點的廚師只會說「前置作業很麻煩」，然後將所有食材倒入平底鍋，一口氣炒好所有食材，但這只是方便廚師自己的「烹調流程」。

有些廚師會在煮青菜炒肉絲這道菜的時候，將所有食材倒入平底鍋一起炒，但不管是肉、蔬菜還是其他食材，大小塊都不一樣，需要的熟度也不同，一旦全部一起炒，菜炒熟了，肉也炒得又老又硬，所以纖維較粗的蔬菜或是其他需要炒比較久的食材必須先炒。

假設廚師與經營者不是同一個人，這個問題只要兩邊稍微討論一下就能解決。

最麻煩的是廚師與經營者是同一個人，因為身兼廚師的經營者擁有決定一切的權力，所以沒有可以商量的人，此時很容易採用錯誤的（只有利於自己的）方式提升效率，也很難察覺有客人因為不滿而再也不上門。

法則 13

從一開始就卯足全力開發的新商品，幾乎都會被客人打搶

⊘ 開發新商品的時候，記得依照「試作↓試吃↓試銷」的步驟，按部就班開發。

⊘ 「新開發的商品再好」也不見得就會「熱銷」，所以要在試銷的階段多嘗試幾種不同的銷售方式。

「試作」是挑戰，「試吃」是收尾

在序章曾提過「要打造一家生意興隆的店，不能對店面的外觀、內部裝潢或其他部分太過執著」（第29頁）。

開店的時候，若在資金面或情緒面過於用力計較，之後就很難修正路線，很可能就此一蹶不

振，走上失敗的道路。

新商品（菜單）的開發也是同理可證。

請不要開始就卯足全力開發。大部分的店家都會跳過試銷的步驟，直接將新商品放入菜單與大肆促銷，但通常會摔一大跤。

正確來說，開發新商品的基本步驟應該是「試作↓試吃↓試銷」，才能驗證商品「是否真的會熱銷」。

接著為大家簡單地說明試作、試吃與試銷這三個環節。

試作就是拿掉現有的一切限制，盡可能嘗試各種創意的階段。

此時可先將擺盤或售價拋在腦後，只需要忠實地面對食材與商品。總之就是抱著「什麼都可以試試看」的心情嘗試。

若以開發「紅醬義大利麵」為例，可先以不同的路線試著烹調。

假設想要的是「紅醬的醇厚風味」，或許可試著「將蕃茄糊收乾至三分之一，煮出需要的風味與稠度」，之後或許可以得到「要煮到這麼乾，很花時間與成本，所以可試著加點谷氨酸鈉，讓味道更穩定」的結論。

假設最後煮出A、B、C、D這四種紅醬，經營者與廚師便可開始嘗試「把這種紅醬調成這個狀態，再試著與義大利麵拌在一起」。

要想提升商品的品質，就必須像這樣一道道試作，仔細品嘗每種組合的味道。

等到做出滿意的試作品，接著就要試吃。此時可一邊想像「客人的反應」一邊試吃，也要開始規劃盤子的種類、擺盤方式、搭配的料理、廚房的烹調流程。

試吃是讓試作品升級為「商品」的最終階段。

大部分的店家都一定會舉辦試吃，卻很少認真看待上一個階段的試作，有些店家則分不清試作與試吃的差異，將兩者混為一談。

假設廚師在試吃會端出完成度很低的商品，有可能廚師這邊覺得因為是試作品，所以水準不高也沒關係，但是經營團隊有可能會覺得「這種東西怎麼端得上檯面」而大發雷霆，這就是經營團隊與廚師之間沒有共識的問題。

假設試吃沒問題，接著就進入試銷的階段。

在試銷階段提升商品形象

假設已經開幕，可在「〇〇嘉年華」這類期間限定的活動進行試銷，至於為期多久，短的話一週，長的話可以三個月，需視商品的特性而定，例如季節性商品大概一週就夠了。

如果要將新商品加進主菜單，則需要試銷一～三個月，仔細觀察顧客的反應。盤子的花樣、擺盤、商品名稱等等都需要從不同的角度調整，等到確定顧客為什麼願意給予好評後，就可以將新商品加入主菜單。

接著為大家介紹試銷的具體流程。

我曾為某間店的夏季商品「冷麵」舉辦試銷活動。

記得當時是在午餐營業時段舉辦冷麵祭，也為了這個活動準備了三種路線不同的冷麵，第一種是口感Q彈的盛岡冷麵，第二種是以辣味為賣點的韓式冷麵，第三種是日式冷麵。

活動開始之前，我在入口與店內貼了「冷麵祭即將開始」的海報，等到活動真的開始後，也向客人推薦「今天有活動，建議您試試我們的冷麵」。

試銷也是尋找「銷售方式」的階段。

換言之，就是在找尋「在什麼時候賣才賣得好」、「該怎麼推薦才能賣得出去」、「該對哪些族群促銷」這類問題的答案。

假設知道試銷的商品得到「兩個人一起來消費的三十幾歲女性以及中年男性」好評，就該鎖定這類顧客為目標族群。

也可以擬定「既然日式冷麵賣得比盛岡冷麵好很多，不妨大膽一點，只留下日式冷麵」這類戰略，或是稍微調整一下價錢，讓商品更賣得出去。

假設這時有很多顧客反應「光吃冷麵有點不過癮」，或許可推出冷麵、沙拉、迷你丼飯的套餐組合，如此一來，試銷期間的單品就能改成套餐，單價也能從八八〇～九八〇元改成一三八〇元。

由於此時已掌握了顧客的反應，所以不怕這個價格被顧客拒絕，業績與利潤也比較容易提升，而且還能順應顧客的期待，「把這個在活動期間得到好評的商品放入主菜單」。

想必大家已經明白試銷的重要性。

可惜就現況而言，大部分的店家都輕忽了試銷，對顧客的反應置若罔聞，一開頭就傾全力開發「自以為美味的料理」，所以當然得不到顧客的支持。

商品開發沒有「百分百正確的答案」。

越是大型連鎖店，越應該按部就班開發商品與試銷，因為他們也不知道什麼商品能得到消費者的青睞。

成功法則

02

建立門市、商品、菜單的概念，並與所有員工分享（概念①）

門市概念與商品概念的實例

有些人聽到經營圈常用的「概念」一詞，或許會覺得「很難」或「很麻煩」，但餐飲界所說的「概念」卻很簡單易懂。簡單來說，就是經營者、廚房、外場服務人員共享的思考基礎。

就一般的流程而言，通常會在不同的階段決定不同的概念，例如在決定業態的時候決定門市概念，等到門市概念確定後，接著決定商品概念（故事）或菜單概念。

菜單確定後，再製作味道設計圖，最後這些概念與設計圖再由經營者、廚師、外場服務人員這些主力成員分享。

請大家看一下第92、93頁為了介紹營業額計畫而虛設的「鹽醬內臟　滿天」的概念（實例），接下來要利用這個實例介紹建立概念的基本邏輯。

首先要確定的是各概念的輪廓。

這間店的業態為「內臟居酒屋」，在業態定位圖位於「低客單價」與「低投資、重視效率的內部裝潢」的區塊（第95頁）。

「鹽醬內臟　滿天」的門市概念如下。

> 每天採購可放心食用的國產新鮮內臟之餘，透過細心的人工處理，讓內臟的價值發揮到極限，並以意想不到的平價提供。
>
> 每位光臨的顧客可一邊大口灌下蘇打威士忌、Hoppy或沙瓦，一邊與朋友享受美味料理的內臟燒烤專賣店。

接著設定的商品概念（故事）如下。

對鮮度異常堅持。

對於美味的追求不在話下，為了確保食用上的安心與安全，每天只採購國產的豬內臟，而且一定在當天用完。以相對較少的份量（一盤六十公克）提供內臟，可讓顧客多點幾種料理，本店也能以相對平價的價錢提供。希望每位顧客都能「便宜地吃到不同部位的內臟」帶著開心、滿足、飽足的心情回家。

內臟的醬汁為原創的無添加鹽醬。除了希望這道醬汁能成為攬客商品，也讓外場服務人員盡力促銷這道醬汁。內臟的成本率約為25%至45%，希望以略高的成本，將內臟類的菜色打造成划算的攬客商品，也希望透過鮮度、味道與平價這三項利器與其他的商品形成差異。

主要的獲利商品為酒精類商品，必須從這部分獲得足夠的利潤。每杯啤酒為二七〇cc，價格則設定為略高的四八〇元。希望客人會在喝完啤酒後，加點成本較低的蘇打威士忌、Hoppy、沙瓦。這類碳酸酒精飲料的銷路越好，就越有機會獲利。

內臟這項主力商品的價格設定在二八〇~四八〇元。目標客單價為三八〇〇元。前菜的

「無限高麗菜」（原創菜色）要營造出光是前菜就能喝掉一杯啤酒的驚豔感。

最後希望客人以冷麵或米飯類的菜色結尾，讓本店的味道在客人的腦海形成記憶點，也讓客人帶著滿足感與飽足感回家。

菜單概念與最終菜單的實例

接著介紹的是「鹽醬內臟　滿天」的菜單概念。

前菜是可無限續盤的高麗菜，希望讓客人吃到單純的美味以及擁有光吃前菜就喝掉一杯啤酒的體驗，也讓客人更加期待接下來的內臟料理。

份量較少的內臟以難以置信的低價提供。由於份量不多，價格不高，所以客人可多點幾種，享受每個部位的美味。

〈預設售價〉

鹽醬內臟		280～480元
燒烤豬肉		480～680元
冷麵		580元
生啤酒		480元
蘇打威士忌		390元
沙瓦		380～680元

〈每人預設消費量〉

前菜（無限高麗菜）	1	250元
內臟	3	1,200元
單點菜色	2	600元
結尾	1	580元
飲料	3	1,200元
	總計	3,830元

內臟料理專用的原創鹽醬與口感Q彈、毫無腥味的內臟非常對味，可徹底勾勒出食材原有的風味。除了鹽醬之外，還準備了味噌風味與醬油風味的醬汁。希望利用這些原創的無添加醬汁與其他店家形成差異。

最後希望客人以冷麵或米飯類的料理結尾，沉浸在滿足感與飽足感之中。

味道設計圖的實例

接下來是味道設計圖的實例。

・由於前菜的「無限高麗菜」是自動提供，所以不會讓客人覺得自己「多花錢」。推出讓客人覺得「店家該不會虧錢在賣吧？」這種「美味又可無限續盤」的小菜，可讓客人覺得非常划算。簡單樸實的味道也能喚醒客人的興奮感。
・所有料理的調味都是為了讓客人多喝幾杯。
・料理要調得稍微鹹一點，讓客人把酒當水喝。
・利用前菜的高麗菜補充甜味。
・以谷氨酸鈉增加鮮味，讓客人覺得口渴。
・透過高麗菜營造鮮脆口感。

・高麗菜以小份量提供，也讓客人能自由續盤。使用小碗裝高麗菜，可節省桌面空間（才放得下其他菜色）。

・鹽醬內臟在鹹味、鮮味、油脂感、口感、份量、價格這些層面都要勝過其他店家。

・調味的重點在於讓客人多喝幾杯。

・以鹽、胡椒突顯鹹味。要讓客人一吃就吃到醬汁的味道。

・所有食材都要洗得沒有腥味，藉此強調食材的鮮度，也要利用谷氨酸強調鮮味。

・利用麻油增添香氣與醇味。

・營造Q彈的口感

・每盤內臟料理的份量不超過六十公克。

成功法則
03

了解建立概念的基本邏輯（概念②）

門市概念要讓顧客一看就懂

在大家了解虛擬店面「鹽醬內臟　滿天」的概念之後，接著為大家介紹建立概念的基本邏輯。

第一章的第44頁說明了業種與業態的差異。業種指的是經營的商品種類，業態是指經營的型態，例如業種是燒鳥店，業態則是串燒專賣店。

門市概念就是要讓顧客知道這間店屬於何種業態。

假設業態是串燒專賣店，那麼門市概念有可能是「利用從宮崎縣空運而來的土雞製作美味的串燒，讓顧客能在熱鬧的店裡享用這些串燒」。

假設業態為鮮魚居酒屋，門市概念有可能是「跳過市場，直接向漁夫買魚。可在氣氛沉靜的包廂享受擺在入口處冰櫃的鮮魚」。

只要能像這樣**釐清門市概念，顧客就能知道這裡是以串燒為主，還是以鮮魚料理為主的店家。換言之，能瞬間了解「該在這間店點什麼才對」。**

建立門市概念的時候，應該明確地打出「顧客能在這間店吃到○×、能像這樣享受□△」這類概念，這對自己人（經營者、廚師、外場服務人員）也很重要。

對顧客提供的價值以及這間店的目標都會因為這個門市概念而變得明朗，之後便可根據門市概念決定內部裝潢、商品與外場的操作流程以及各種相關事項。

建立商品概念時，要決定「料理的主軸」

商品概念（故事）就是商品的方向性。

向顧客提供的商品大致有幾個分類。

以中式餐廳為例，商品可分成前菜、海鮮、牛肉、豬肉、雞肉，以燒肉店為例，商品則有里肌、肋排、稀有部位、內臟、家庭套餐，也可分成口味較清淡的料理、可快速上菜的料理、可讓大家分著吃的料理、蔬菜料理、主食、結尾料理、飯後甜點這些分類。

接著可根據這些分類設計「希望顧客在兩個小時之內，能像這樣享受餐點，能以這種順序點餐」的流程。顧客只要依照這個流程點餐，就不會不知道該點哪些料理。

此外，內場與外場的工作人員也只需要依照這個流程作業，所以變得更有效率，也能判讀顧客大概會留在店裡多久時間，因此能提升翻桌率。

建立商品概念（故事）之際，要先決定「料理的主軸」。每個商品分類都一定要有攬客商品與獲利商品（有關攬客商品與獲利商品的內容，請參考105頁）。

獲利商品就是能提供顧客價值，又能確實賺取利潤的商品。

若以中式餐廳為例，應該在前菜、海鮮、牛肉、豬肉、雞肉這些分類各設一個獲利商品，並且盡力促銷這項商品。

我在建立商品概念（故事）之際，會先設定顧客在店裡的時候，應該消費幾盤料理，這些料理加起來又有幾公克。

除了大胃王，一般人的胃只能裝得下六〇〇～七〇〇公克。

在設計套餐時，固態食物應在六〇〇～七〇〇公克之間，少於這個數字，顧客會覺得吃不夠，太多則吃不完。

結論就是，在設計故事時，必須思考在多短的時間之內提供這六〇〇～七〇〇公克的食物，以及提供多少價值。

「鹽醬內臟　滿天」的攬客商品與獲利商品

假設「鹽醬內臟　滿天」設有「國產內臟」這個分類，而這個分類的攬客商品為「名產鹽醬內臟（牛大腸）」（二八〇元），獲利商品則為「鹽醬混搭內臟（綜合）」（九八〇元）。「鹽醬混搭內臟（綜合）」主要包含四種內臟，其中三項是店家推薦，剩下的一種則是請顧客從店家提供的幾種部位挑選。

至於售價方面，由於每道內臟的價格在三二〇元左右，所以四種內臟的總價應該是一二八〇元，但只以九八〇元這個價位提供。雖然這道菜色的成本差不多三成，但應該比單點的內臟料理更有賺頭。

對顧客來說，這是能以三道料理的價錢享受四道料理的超划算商品，由店家推薦的三道料理也可設定為成本較低，卻較為稀少的部位，顧客也能擁有「雖然是沒聽過的部位，沒想到這麼好吃」的體驗。

由於稀少部位的點單率不高，所以才要以這種混搭的方式提供，避免食材庫存太久，有損鮮度，而且這些部位的進貨價通常不高，所以店家能藉此賺取利潤，顧客也能因此得到新體驗與覺得很划算。此外，讓顧客自行挑選一種喜歡的部位這點，也能避免顧客不滿。

只要這麼做，就能將拼盤商品打造成獲利商品。

不過前提是，拼盤商品的內容必須吸引顧客，否則顧客就會發現，這不過是店家為了促銷低成本商品才推出的組合，也會因此不再信任店家。

利用菜單概念找出「熱銷商品／滯銷商品」

商品概念（故事）雖然可決定料理的主軸，但**菜單概念可進一步決定要在哪種商品多花一點精神，找出熱銷商品與滯銷商品，之後還要與所有員工分享熱銷商品的組合。**

商品概念（故事）可開發各種商品分類的攬客商品與獲利商品，但是菜單概念則是要將獲利商品打造成熱銷商品。

假設將鮮魚居酒屋的生魚片分類的「三種生魚片拼盤」設定為獲利商品。到此為止，都屬於商品概念（故事）的部分。

菜單概念是要將獲利商品「三種生魚片拼盤」打造成熱銷商品的戰略，所以故意將單點的生魚片、三種生魚片拼盤、八種生魚片拼盤同時放進菜單。

在價格方面，將單點的生魚片設定為一千元起跳（成本率為25%），三種生魚片拼盤設定為二八五〇元（成本率為25%），八種生魚片拼盤則設定為六八五〇元（成本率為23%）。

要讓獲利商品熱銷，就必須設計一些便宜與有點貴的商品，而這類「助攻菜單」就算賣不好也沒關係。

尤其便宜的商品要設定的很便宜，才能讓客人覺得「三種生魚片拼盤比單點的生魚片來得划算」。

有點貴的商品（八種生魚片拼盤）則該設定成得願意花錢才敢點的價位。由於這項商品得多花點時間與精神準備，所以利潤的幅度可以稍微放寬一點。雖然這類商品很少人點，但有些店家是把這類商品定位成只要有人點，就能同時拉高營業額與利潤的商品。

這種價位的設定可以誘導顧客點獲利商品（三種生魚片拼盤）。

這麼做的好處在於能大量採購三種生魚片拼盤所需的食材。假設能先把食材切好，之後也能快速上菜。如此一來，應該每張桌上都會有一盤三種生魚片拼盤才對。外場服務人員也知道該向顧客推銷什麼。

請大家回想一下144頁的「鹽醬內臟 滿天」的菜單概念。

這間店的「助攻菜單」是「豬肉類的燒肉（松阪肉、豬五花、豬里肌、豬橫膈膜）。為了讓顧客在看了菜單之後產生「要吃豬肉的話，點內臟類比較划算」的心態，所以助攻菜單設定在四八〇～六八〇元，比內臟類的菜色貴得多的價位，內臟類的點單率自然會因此拉高。這就是把豬肉類的燒肉當成助攻菜單的效果。

大部分的客人應該會點「鹽醬混搭內臟（綜合）」（九八〇元）這道在內臟類料理之中最划算的菜色。

之前是將「國產內臟」分類的攬客商品設定為「名產鹽醬內臟（牛大腸）」（二八〇元），並將獲利商品設定為「鹽醬混搭內臟（綜合）」（九八〇元），所以一切都照計畫進行。

味道設計圖的基本思維

最後要為大家簡單說明一下味道設計圖。

不管是建築物、機械還是料理，要開發商品就需要設計圖，之後則必須按圖施工。

若以開發紅醬義大利麵為例，紅醬所需的設計元素如下。

□第一步是，要利用紅醬突顯蕃茄的何種特質？（新鮮感？醇厚感？熬煮後的甘甜？鮮味？）

□醬汁的濃度？（很稠？很稀？）

□醬汁與義大利麵的比例？（義大利麵吃完後，醬汁要一點不剩，還是要剩很多，方便客人用麵包沾著吃？）

□義大利麵的份量？（如果最後要讓客人用麵包沾醬汁吃，麵包就該設定成「無限續盤」，義大利麵的份量則該在八〇公克以內，如此一來，盤底幾乎不會殘留醬汁，洗碗也會比較

好洗）

不同的料理需要不同的設計元素，典型的味道設計圖如下。

□味道的方向性：甜？鹹？辣？如果是麻婆豆腐這種很辣的菜色，是要調整成「正統四川麻婆豆腐」這種又麻又辣的味道（像是在四川當地吃到的口味），還是要調整成稍微帶甜味，辣味較為溫和的「和平版麻婆豆腐」（例如在BAMIYAN店裡吃到的風味）。

□香氣：香味與滋味有直接的關係。

□鮮味成分：肌苷酸、谷氨酸鈉。牛肉與海鮮的鮮味要佔多少比例？

□份量：以拉麵為例，麵量要設定為一〇〇公克還是一二〇公克？

□售價與成本：售價要低於一千元還是要落在一千元到一千兩百元之間？成本率要設定在30％還是40％呢？

不同的業態也有不同的設計元素，例如下面的例子。

假設是海鮮居酒屋，就要看生魚片的魚來自何處，生魚片拼盤的紅肉與白肉比例是否均衡，要不要提供貝類料理，要以何種方式盛盤（用生魚片船還是一般的盤子），或是商品的品項有幾種。

如果是牛排專賣店，則要決定採用和牛還是進口牛肉，或是設定醬汁要提供幾種。

有些店連餐後的咖啡都很重視。

咖啡是在空腹的時候喝，還是餐後喝，味道會完全不一樣。尤其吃完肉之後，肉的油脂與碳水化合物的滋味還會黏在舌頭上，若在此時喝咖啡，味道就會顯得比較淡，假設咖啡的酸味太明顯，則會讓整個口腔覺得不舒服。所以在肉類料理之後出的咖啡，應該選擇酸味較淡、苦味略強、味道醇厚的咖啡。

對餐廳而言，「最後的印象」是非常重要的環節，顧客往往會以最後吃到的商品決定對這間店的象。要是甜點或咖啡毀了前面精心設計的餐點，那絕對是最糟糕的情況，所以餐廳也該特別用心挑選餐後提供的咖啡。

第3章

待客與員工訓練的「禁忌」

你的店讓顧客與員工都開心嗎？

法則 14

只要業績一受挫，情緒高昂的店長反而會讓員工想離職

⊘ 經營者要把凡事親力親為的「操作型店長」培養成懂得教育員工的「管理型店長」。

⊘ 「員工成長＝公司成長」——徹底教育員工是拉拔公司成長的最大利器。

只在顧客與老闆面前朝氣十足的店長要特別留意

有時候，我會遇到在顧客上門時，大喊「歡迎光臨」，情緒特別高亢的店家。

大部分的老闆都喜歡這類店長，總覺得「自家店長很優秀，只要有他在，一切都搞定」。這類店長也覺得「自己要以身作則，帶動店裡的氣氛」。但多數情況「都只是情緒很高昂」而已。若以汽車比喻，就是在「空轉」，遲早有一天，汽油會耗盡（沒有幹勁）。

這類店長通常只在顧客或老闆面前很有鬥志，一旦進入休息時間或是關店就會像洩了氣的氣球，變成另一個人。

最糟的是，只在老闆面前很有活力的店長，也就是那些看到老闆走進店裡，就立正大喊「老闆早安」的類型。

我負責的某些店的店長就是這樣。有些店長的情緒高昂得有點莫名，我問了問其他員工：「店長一直都這麼有活力？該不會只在老闆面前才這樣吧？」結果得到「對啊，只有我們的時候，根本就不是這樣」這類答案。

日本的經營者常把動力與高漲的情緒混為一談。

「動機強烈」是朝著目標努力的狀態，是一種「沒得到理想的結果就絕不放手」的志氣。

反觀「大聲問候顧客或老闆」不過是種「亢奮」。做生意不需要如此高漲的情緒。

動機或動力才是關鍵。

餐飲業需要的動力是「誠實面對客人，好好與員工相處，努力創造營業額，對公司與社會有所貢獻」的心情。

只可惜大部分的店長把責任感扭曲成某種強迫症或緊迫盯人的毛病，自以為「在顧客與老闆面前一定要很有活力」、「鬥志不高，帶不動員工」、「我要提高鬥志，讓這間店動起來」。

「操作型店長」是百害而無一利的存在

除了店長本人有問題，經營者也有責任。

如果老闆對店長說：「你很棒耶，總是活力滿滿」、「你的活力就是我們這家店的活力」，店長當然會覺得「我要一直保持活力」，所以才會出現只有情緒很高昂的店長。

這種店長的最大問題在於誤解「店長該扮演的角色」。換言之，他以為「自己要以身作則，帶動自己負責的店」，也就是所謂的「操作型店長」。

比方說，有些店長明明該負責經營整間店，卻跟兼職員工比賽誰帶位帶得快。「我這樣比較快幫客人點餐」、「我這樣比較快上菜」，總是想要成為店裡的第一名。

更糟的是，這類店長負責的店，員工的流動率都很高。

因為店長會對那些不如己意的員工不滿，擺出一副緊迫盯人的態度。沒多久，員工當然會不滿，會覺得「我沒辦法再跟那種店長共事」而辭職。

如此一來，就得招募新員工，浪費招募員工的成本。

操作型店長當然也能帶動整間店，也能創造一定程度的業績，所以經營者沒什麼好不滿的，但業績往往無法超過前年，最終將陷入公司無法成長的悲劇。

店長也是人，不可能總是讓情緒維持在高檔，總有一天會燃燒殆盡，此時店裡的營業額就會開始下滑。

害座位利用率下滑的操作型店長

記得某次與朋友在家庭式餐廳吃午餐的時候，發生了這件事。

A店與B店既是競爭對手又是彼此的鄰居，但A店人氣滾滾，B店卻門可羅雀。

所以我跟朋友走進了位子很多的B店。才一推開大門，就知道生意不好的理由。

明明有很多空位，但桌上卻留著前一位客人用過的餐具，所以服務人員無法帶位。

為什麼整間店會是這種情況？答案就是這間店的店長是凡事親力親為的操作型店長。

員工來問我們總共幾位，我們回答「三位」之後，員工只說了句：「請您稍候一下」就把我們留在原地。

過了一段時間，店長又來問：「請問幾位呢？」

於是店長一邊收拾桌面，一邊招呼我們入座。這種任何事都由店長邊做邊指揮，以及說一動做一動的員工，可說是典型的操作型店長的店。

也就是因為如此，盡管空位很多，但客人還是得站在門口等，遲遲無法入座，滿桌率*也只有65％而已。

當我們在等座位的時候，我瞧了瞧隔壁的A店，發現滿桌率幾乎達到100％。兩者之間的落差完全是店長一手造成的。

B店因為操作型店長而損失了許多機會。

＊滿桌率：指顧客入坐桌數除以店裡所有桌數的比例，比方說，四人座位只有一人入座，該座位也算是坐滿；入座人數除以每張桌子的座位數之比例則是座位利用率，例如四人座位有一人入座，座位利用率就是25％。

經營者必須培育「管理型店長」

話說回來，**店長的責任在於將員工培養為戰力，也就是負責指派工作的「管理職」。**

經營者的責任則是將操作型店長培養成「管理型店長」，或是打造足以實現這個目標的環境。

經營者要讓店長體會「培育人材的樂趣」。所以要告訴店長：「只憑你一個人的力量，是無法帶動整間店的營業額的。你不能總是跑到第一線，而是要懂得將工作交給員工，也要負責經營整間店。」

現在已是「員工成長＝企業成長」的時代。員工不成長，企業就難以茁壯。

如果能將什麼都不會的兼職員工培養成戰力，「這間公司的員工教育很有一套，能讓員工成長很多」的名聲就會傳遍整個餐飲業界。之後就會有優秀的人材聞風而來。

其實教育員工與招募人材是有相關性的。如果賣命工作的操作型店長能了解「員工的成長就是一種喜悅」，進化為管理型店長，店裡的營業額一定會蒸蒸日上。

員工教育可說是壯大公司的最大利器。

法則
15

你該不會覺得「員工怎麼教都教不會」吧？

⊘ 員工會離職通常與「經營者背叛員工」，破壞信賴基礎有關。

⊘ 經營者若無「培育人材」的決心，離職率就降不下來，第一線的氣氛也無法改善，業績當然無法成長。

不教育員工的經營者是不及格的經營者

雖然前面提到經營者要將操作型店長培養成管理型店長，但是每當我跟經營者提到店長培訓這類內容，有八成的經營者都會這麼告訴我：

「有什麼好培訓的，這些店長一學會就會辭職了啦。」

「在店長身上投資，把他們培育成優秀的人材，就會被別的店挖走，之前的投資也會血本無歸。」

我很明白經營者為什麼會有這類疑慮。

因為會覺得「培訓也沒有意義」的經營者很多都有「被員工背叛」的經驗。

但仔細一問才發現，**大部分的情況都不是「被員工背叛」，而是「經營者先背叛員工」，破壞了彼此的信賴基礎，才逼得員工出走。**

大家是否有過下列的經驗呢？面試的時候，老闆宣稱「只要營業額成長就會依比例調漲薪水」。這時候如果設定了明確的業績目標是最好，但如果只說「營業額成長」這種沒有數字做為基礎的目標，日後不管營業額成長多少，雙方都無法達成共識的。

最常見的是下面這種情況。把老闆的承諾當真的員工拼命拉高營業額。

員工心想：「與前一年相比，業績成長至105%了，老闆應該會加薪吧？」結果老闆卻以「成本率也跟著上升啊，成本上升，營業額當然會跟著上升啊」的說辭拒絕加薪。

員工當然會因此失望，也不再相信老闆與這間店，再也不願意賣命工作。

看到這種情況的經營者也會覺得「這傢伙沒用了」，但回過頭來說，明明是經營者自己種下的禍根。

培育員工之前，經營者必須先接受教育

我曾與多位經營者談過，但大部分的經營者「都不在乎員工的感受、想法、需求，以及想要將這間店打造成什麼模樣」。

這些經營者的內心深處都有「他們不過是我雇用的員工」，所以只想以最低的人事費用創造最大的利潤，員工當然會因此心生不滿而辭職，經營者也自然而然覺得「員工有什麼好教育的，反正最後都會辭職」。

不先教育，還叫員工做東做西，這絕對是一種職權騷擾。由此可知，真正該先受教育的是經

營者而不是員工。

假若經營者沒有「培育人材」的概念，不管怎麼教育員工，也無法形成培育人材的風氣。就算培訓了店長，只要頭（老闆）的想法沒有改變，身體（第一線的員工）就不會改變。

就算是由我負責教育店長，只要培訓課程結束，大部分的老闆還是故態復萌，以老方法對待員工。所以我通常會先教育經營者，拿掉他們「員工訓練沒用」的概念，否則不會開始培訓店長。

許多經營者以為工作方式改革的對象只有員工，但其實還包含經營者。如果覺得「經營者當然不需要休息」，很快就會被時代淘汰。經營者若想正常放假，員工訓練是必須面對的課題。

法則16

分得清團隊感情融洽與團隊分工合作的差異嗎？

⊘ 讓全體員工對「營業額成長＝自我評價提升」有共識，就能打造出強韌的團隊。

⊘ 將目標、目的寫在紙上，並在眾人面前發表，店長與員工都能對工作樂在其中。

讓營業額與個人目標掛勾

經營餐廳是一種團隊競賽。

大部分的店家都把感情融洽的團隊與懂得分工合作的團隊混為一談。感情融洽的團隊無法拉高營業額。有些店長的確能帶出感情融洽的團隊，率領團隊拉高營業額，但這畢竟是少數中的少數，很難複製相同的經驗。

「感情融洽」的口號適用於招募兼職員工，也能有效降低離職率，但效果最多就是這樣，要提升營業額，達成目標，就不能只是感情融洽，**每位員工都必須具備專業精神，一同提升整間店的績效。**

懂得分工合作的團隊會讓個人的價值觀、目的、生活與店裡的業績全部融為一體。整體員工都知道「營業額成長＝自我評價提升」這個道理，也會以這份工作為傲。

要讓員工以這份工作為傲，就必須讓他們每個人擁有明確的目的。

換言之，要讓他們知道「你的工作目的是什麼？」也要讓他們知道「若達成某個特定數值的業績，能得到多少報酬」。

不知道能得到多少報酬，員工就無法把提升業績當成份內之事。

讓員工體驗到「創造成績＝接近目標」的快樂原本就是店長的任務，要想做到這點，就必須將店長培育成管理型店長（165頁）。

將目標寫在紙上，再於眾人面前發表

該如何設定目標才好？

方法之一就是讓每個人將目標寫在紙上，並在眾人面前發表。

這些目標必須是具體的數字，例如每個月的營業額要達到哪個門檻，全年的營業額要達到哪個數字，成本率要降至百分之幾，進而設定「希望在目標達成之際，自己能有什麼成長」的目標，比方說可具體寫下「希望成為這樣的店長」、「希望成為這樣的外場服務人員」這類描述。

當然也可以寫下與私生活有關的事情。假設營業額成長，薪水也跟著調漲，就可以期待自己「搬到更棒的公寓」、「買新車」、「跟老婆去旅行」、「買禮物給小孩」。

有些生意做得風生水起的公司每年會請員工將目標與目的寫在紙上，再貼在自己的櫃子上。一旦目標與目的都明確，店長與員工也能開心的工作。

我都會告訴員工：「在這間店工作時，請務必學會讓人生加分的工作方法與待人處世的道理。」

我也一定會告訴他們：「不要只是為了薪水工作，請透過這份工作得到對往後的人生大有助益的經驗。」

告訴員工明確的工作目的，再請員工自行達成。

想必大家都知道做什麼事情都需要目的，但很難在目的與店裡的業績之間畫上等號。雖然公司會訂出量化的目標，但是當這個目標與員工的目的不一致，就很難讓業績持續成長。**讓個人的目的與店裡的業績產生關聯性，明確地設定共同的終點，是非常實用的成長戰略。**

我通常會請員工從四個觀點設定目的。這四個觀點主要是以自己與他人、有形與無形的項目分類。屬於自己的有形目的可以是買手錶、西裝等；屬於自己的無形目的可以是溫泉旅行這類事情。屬於他人的有形目的可以是買禮物給父母親，或是買遊戲機給小孩這類事情；屬於他人的無形目的可以是夫妻享受兩人世界，或與小孩一起去迪士尼樂園，這些都是對自己的獎賞。

如果這裡說的「他人」是很重要的人，那麼只要越重要，就會越努力達成目的。店裡若有提供所謂的「成果報酬」，那麼員工就能知道是為了什麼努力，幹勁與鬥志也會更加高漲。

法則 17

就算製作了作業手冊，無法正確運用就毫無意義

⊘「照著作業手冊做也行不通」，有這類經驗的店長與員工會變得討厭工作與顧客。

⊘作業手冊的功能在於「突顯員工的個性」與「訂立行動基準」。

什麼是「被顧客搞死」的店長？

最常在大型連鎖居酒屋或家庭式餐廳看到的就是「被顧客搞死」的店長。

「被顧客搞死」是我自己造的詞，大致上就是下列這種店長。

這類店長通常覺得顧客是「一群最差勁的人」。

他們可能曾被莫名其妙地客訴過，更糟的話，曾被客人潑過水或是被逼著下跪道歉，搞得身

心受創，造成心理陰影。

忽視個人的感覺，只要求店長「請照著手冊做」或「照著手冊做就好」的手冊，是一種硬性規定，會讓店長做事的時候覺得綁手綁腳，而且實際面對客人時，往往無法照著手冊來做。聽到客人說：「菜還要等多久啊？」後去廚房跟廚師說：「不好意思，可以趕快出菜嗎？」又被廚師吼：「現在就在煮了啊！」，要兼職員工細心一點，結果又被擺臭臉。

「照著手冊做也沒用」——自身經驗長期印證了這句話的店長最終會覺得自己是被害人，也會產生「客人就是很愛客訴」、「兼職就是會偷懶」或是「公司無法了解自己的心情」這類不滿。

之後這類店長就會變得凡事小心翼翼，只為了「不要再被抱怨」，接待客人的時候也變得面無表情。

要拯救「被顧客搞死」的店長，必須先掌握他們的心理狀態。

某間大型連鎖店的總監就根據下列的3C指導麾下的店長。所謂的3C分別是「輔導」（Counseling）、「諮詢」（Consulting）、「溝通」（Communication）。

要讓這類店長鬆開緊繃的神經，最好是由公司打造相關的輔導系統。

「讀過作業手冊，應該就學得會吧」這種心態會讓離職率高居不下

不久前，RECRUIT這家人力資源公司針對全國的兼職年輕員工進行了一份「為什麼辭職」的問卷調查。

就印象而言，時薪或是人際關係應該會進入前幾名。沒想到第一名居然是「店裡什麼都不教，然後還因為這樣一直被罵」。大部分的經營者或管理者都以為「自己一直有在指導」，但兼職員工卻不這麼認為。

為什麼會有如此落差？

大部分的店在說完基本作業的內容後，就只丟下「先讀讀這本作業手冊」這句話，經營者常以為「反正有作業手冊，員工讀完應該就知道該怎麼做了吧？」

但從兼職員工的角度來看，就算作業手冊寫了很多，但是店裡根本什麼都沒教。換言之，經營者沒有正確運用作業手冊。

沒有作業手冊當然也是問題，因為沒有作業手冊的話，店長說的話就是聖旨，規則想怎麼改

就怎麼改。

雖然有點離題，沒有作業手冊，也就是由店長決定規則的店，會出現下面這類現象。店長換人時，新店長會調整舊店長的規則，導致員工得學習新的規則，這會讓員工無所適從或是很有壓力。

此外，改變規則有可能會導致店裡的氣氛改變，之前的客人也可能因此不再上門，這對店裡來說這絕對不是什麼好事。

只是小型連鎖店常常發生這類問題。

作業手冊就像是導航系統

有作業手冊，業務就能順利進行，所以經營者也比較放心，但太過嚴謹的規則卻會讓員工綁手綁腳，只能照著規則辦事，這有時反而會造成顧客的不便。

到底該讓作業手冊扮演什麼角色呢？大家是否都了解作業手冊的本質呢？
我的看法是作業手冊該有「突顯員工的個性」與「訂立行動基準」這兩項功能。
我總是對前來諮詢的老闆或員工說：**「作業手冊就像是某種導航系統」**。先在導航系統輸入目的地，就能沿著最短路徑，在最短的時間之內抵達終點。在使用導航系統的過程中會慢慢記住路線，最後還能走一些小路或捷徑。
同理可證，員工或許一開始只能依照作業手冊接待客人，慢慢累積足夠的經驗之後，就能發展出充滿自我風格的待客方式。
我為客戶的店製作作業手冊時，會先訂出許多細部的基準。
例如客人說：「不好意思」的時候，員工該怎麼回應。
大部分的店都要求員工回答：「請您稍等一下」對吧？
但我的作業手冊會要求員工回答：「是，立刻為您服務」，如果真的很忙，至少要回答「是」。
這是以傾聽顧客需求為基準的回答。顧客雖然說了「不好意思」，還是知道員工正在忙著應付其他客人或是其他的工作，此時若回答「是，立刻為您服務」，顧客就會覺得「服務人員有注意到我，應該他手上的事情忙完，就會來幫我吧」。

我不會把許多店家規定的「請您稍等一下」列入作業手冊，因為這等於縱容員工「讓客人等一下也沒關係」。

幫員工決定「架構」，員工就變得生龍活虎

製作作業手冊時，不要只寫台詞，而是要將**「了解顧客意圖」**的思考流程寫進去。只要先幫員工決定這個「架構」，員工就會工作得很帶勁。

比方說，當顧客問：「這道料理會不會很辣？」大部分的員工都會以為顧客不愛吃辣，所以回答：「嗯，很辣喔，不愛吃辣的話，不太推薦。」

但又不是所有的客人都「不愛吃辣」，而且有很多愛吃辣的客人反而會興致勃勃地問：「真的會辣嗎？」

所以這時候應該先反問顧客：「您愛吃辣嗎？」了解顧客真正的想法。

如果知道顧客愛吃辣，還可以告訴對方「我們這道料理還可以加辣喔」，這種處理方式能讓顧客與員工都覺得舒服。

下一頁是我製作的作業手冊。雖然只刊出一部分，還請大家參考看看。

■作業手冊範例

用字遣詞

要讓顧客覺得服務周到的條件很多，發自內心的款待之情以及溢於言表的問候是最重要的元素。
即使是同一句話，有沒有心差很多，有時不僅無法說進顧客心裡，還會造成壞印象。
從平日就要注意自己的用字遣詞。
平常就要思考與顧客之間的交談，是否使用適當的詞彙。
絕對不能以平常跟熟人講話的方式與顧客交談。尊敬顧客，也是尊敬自己，能提升自我價值的只有你自己。
對顧客有禮貌，顧客也會客氣地回應你。
上菜時，絕不可說「這個是○○」。
請用「這道是○○」這種正確的中文說明。

重點在於以款待客人的心情，清楚地與顧客交談。

ⓞ「桃園香點心舖」的基本待客用語

問候話務必說得爽朗而清晰。
用字遣詞與態度是否恰當的三個檢查重點

①臉上是否帶著笑容
②每個動作是否夠細心周到
③夠不夠專心在一個動作上？

以上菜為例，邊放餐具邊問候就是「不夠專心」。

或許大家會以為，同時完成多項事情比較好，但這時候的動作通常很醜，而且一不小心還很容易造成顧客的麻煩。

一個動作完成再繼續下一個動作比較有禮貌，也較不會犯錯，動作也會更好看與流暢。

所以在顧客面前服務時，一個動作完成再繼續下一個動作是基本常識。

即使與同時進行多個動作的情況比較，時間也不會有太明顯的差距。

而且細心地完成每一項動作，顧客才會覺得服務很周到。

上菜時，請先往後退一步，觀察顧客的情況，跟顧客說：「不好意思，打擾了」，然後走近桌子，再將料理擺到桌上。

退一步觀察顧客，再說：「不好意思，打擾了」可避免干擾顧客聊天，也能避免顧客突然站起來或是與顧客發生衝突。

下列這些應對的問候語說完後再採取動作，會讓顧客聽得心裡舒服。

歡迎光臨。

感謝顧客願意在這麼多店家之中，挑選本店光臨。這是與顧客的首次接觸，所以盡可能以開朗的聲音歡迎顧客。此外，這句問候也能告知其他員工有顧客上門。

是。

當顧客與同事有事找你時，盡可能以開朗的聲音回應。「是」是萬用的回應，建議多多使用。

感謝您。我明白了。

顧客點單或是有事麻煩的時候，可試著大聲回應這兩句話。

是的，現在立刻為您服務。是，立刻過去。是，我明白了。

客人可能得等一分鐘或一秒，所以要充滿朝氣地回應客人。
要讓顧客知道你聽懂了他的要求。
絕不可以說「請稍等一下」，本店嚴禁這句話！

久等了。

上菜時的台詞。
若顧客想點單，則可說「真是抱歉，讓您久等了」。

不好意思，打擾了。

去到顧客桌邊時的台詞。走到桌邊對顧客來說是一種打擾，所以記得以爽朗的聲音問候顧客。這一句話可避免顧客突然站起來或是其他的接觸。

不好意思麻煩您了。

顧客幫忙完成份內之事時，可用這句話感謝顧客。

非常抱歉。

不小心幫客人點錯菜或是顧客抱怨，以及不小心對客人失禮時，都記得低頭，客氣地說這句話。低頭道歉時，記得先停住兩秒再抬頭。

感謝惠顧，期待您再次光臨。

請抱著感謝顧客光臨，也希望顧客再次惠顧的心情說。
記得鞠躬感謝時，停兩秒再起身。
這句話可讓其他員工知道有桌子空出來了。
記得告訴候位的顧客，會馬上幫他們帶位。

最後要為大家介紹某位客戶的小故事。

記得當時客戶的店正在招募外場服務人員，有位年輕女性來應徵，負責面試的是我。

對方說：「直到上個星期，都還在大型連鎖店工作，但後來因為一些原因辭職了。」

細問之下才發現，這間連鎖店要求所有員工在開店之前，一起大聲喊「歡迎光臨」。

可是她的喉嚨構造與別人不同，不太能大聲喊。

她說：「我因為這樣被罵了好幾次，我不喜歡這樣，所以就辭職了。」

我告訴她：「這間店喊得不夠大聲也沒關係，開心地接待客人比喊得很大聲更重要，也才是待客的本質。請妳走到客人身邊輕輕說『歡迎光臨』就好。」

沒想到她居然哭著說：「總算有人了解我了。」

她後來與這間店的同事結婚，現在則在小餐廳當老闆娘。

該怎麼讓顧客覺得賓至如歸？這才是作業手冊的核心。

重點不在規範員工的行為，而是為員工訂立行為的基準。

法則18

真的了解顧客問「有沒有什麼推薦」的理由嗎？

⊘ 用心推薦可抹去顧客「不想吃虧」、「不想被騙」、「不想後悔」這類想法。

⊘ 顧客通常比店家想得還想「多喝一杯」或「多吃一點」。

推薦不是推銷

大家應該都有過走進第一次去的店，問員工：「有什麼推薦的？」結果對方不是回答不了，就是回答：「全部都好吃喲」的經驗吧。

老實說，有許多服務人員都很害怕推薦菜色。

他們都害怕「如果推薦被拒絕的話，該怎麼辦……」被拒絕有種被否定的感覺，所以大部分的員工都怕得不敢推薦（有時候顧客只是遲遲無法決定才拒絕而已）。

另一個可能就是員工本身討厭推薦這件事。

因為員工自己去別家店的時候，有可能遇過強迫中獎的推薦，所以打從心底討厭推薦這件事。

話說回來，顧客為什麼會問「有什麼推薦的呢？」

其實可能就是想知道這間店的推薦菜色。

每個人在購買商品或服務時，都會有下列三種情緒。

不想吃虧

不想被騙

不想後悔

顧客不僅在走進店裡之前，連走進店裡之後，都想取得「不會吃虧」、「不會被騙」、「不會後悔」的證據。

那店家該怎麼做，才能滿足顧客這些想法？

很簡單，**就是用力宣傳「絕對不會讓顧客吃虧」、「絕對沒有騙人」、「絕對不會讓顧客後悔」這幾點，想辦法讓顧客安心。**

顧客就是帶著這三種情緒才問「有什麼推薦的菜色」。店家必須回應顧客的想法，讓顧客安心才行。這就是推薦菜色的真正意義。

「今天買到很棒的魚喔」、「大家都會點這道肉類料理」、「這個拼盤超划算的喲」，這些才是讓顧客擁有美好體驗與吃得滿足的保證。

其實顧客都比店家想像得還想「多喝一杯」、「多吃一點」，能回應這種心情的就是推薦菜色。

法則 19

不靠作業手冊或腳本，員工也懂得推薦菜色的方法

⊘ 請每位員工將推薦菜色的話術改編成自己的話。

⊘ 推薦菜色的話術至少該從「份量」、「風味」、「感官享受」這三個之中挑出兩個介紹。

用自己的話表達自己的心情

「今天總算知道該怎麼銷售了，沒想到居然這麼簡單啊！」

鹿兒島縣定食屋的全體兼職員工在參加了我的「銷售技巧課程」之後，興奮地給了我這麼棒的回饋。當她們懂得開心地向客人推薦菜色之後，店裡的營業額居然直線上漲。

其實要成功推薦商品沒那麼困難。

當然商品必須是你願意真心推薦的商品。我教的推薦技巧不會用到作業手冊或腳本，每位員工都要提出各自的推薦話術。

而且**只能推薦她們真心想介紹的菜色，不是店裡規定的「推薦菜色」。**

所以我讓她們先試吃，找出自己喜歡的菜色後，再把這道菜色當成推薦菜色。

接著我請她們說明「為什麼推薦這道菜色」的理由。這時候的感想純粹是消費者的感想，所以可直接當成這位員工本身的推薦話術使用。

不過我訂了一個規則，就是推薦話術必須從下列三個元素挑兩個說明。

這三個元素分別是「份量」、「風味」與「感官享受」。

份量就是料理的多寡，例如「一口大小」、「可分著吃」、「堆得跟小山一樣」、「菜單寫的是三種，但其實有五種食材」這類內容。

「風味」就是「清爽的酸味」、「麻麻辣辣的滋味」、「不會膩的甜度」這類形容。

「感官享受」則是「冰涼沁骨」、「鐵板滋滋作響」、「外皮酥香，內側黏滑」、「很蓬鬆輕盈」這類說明。

其中最重要的是「感官享受」這個元素。

感官享受是讓顧客具體想像菜色的祕訣。

例如「黏滑」這個詞，會讓人聯想「有什麼東西溶出來」的畫面，「滋滋作響」則會讓人想到「肉汁不斷分泌」的畫面。

據說人類有超過七成的資訊是透過視覺獲得，所以能具體描述畫面的詞彙更容易說進顧客心坎。

聽到推薦話術的顧客會為了確認真假而點看看。假設真的「很黏稠」、「很多汁」，就會覺得「沒吃虧」、「沒被騙」、「沒後悔」，就會認定「來這間店沒錯」。

要注意的是，重點不在把話術說得天花亂墜，而是要讓員工以自己的話說明自己的心情。

此外，這三個元素不用每次都以相同的詞彙說明，順著當下的心情說即可。

推薦菜色能讓顧客與員工都開心

接著為大家介紹一個推薦話術，做為這一節的總結。

與其推薦規定的菜色，我可以推薦自己喜歡的料理嗎？

我喜歡的是◯◯料理。之前我試吃的時候，聽到鐵板煎的滋滋作響，外皮很酥脆之外，一咬下去，黏滑的起司就從裡面流出來，這種蓬鬆滑順的口感真的讓人欲罷不能。

刀子一切下去，起司就緩緩地流出來。這道菜可以大家分著吃，所以很受兼職員工的歡迎，我本身也超喜歡的！

大家覺得如何？腦海裡是不是浮現了一些畫面？

盡管店員只是在說自己的感想，但聽的人卻對這道料理產生興趣了吧。

這裡的重點是介紹料理，而且沒有半點強迫推薦的感覺，所以客人才會覺得好奇。

勾起客人的好奇心之後，可以問客人：「您覺得如何，要點點看嗎？」把發言權讓給客人。就算顧客沒在這時候點這道料理也沒關係，因為員工能夠介紹自己超喜歡的菜色，顧客也很享受員工的介紹，這樣就已經足夠了。點或不點，交由顧客決定就好。

應該說這麼做才能勾起顧客的興趣，也才不會讓顧客覺得有壓力。通常此時顧客都很願意點點看的。

能學會這種推薦技巧的員工一定會「樂於推薦，而且欲罷不能」。

第4章

招攬客人的「禁忌」

不需要降價或廣告，只要提供「高價值」的商品，
自然客似雲來

法則 20

未經深思熟慮的「降價」不僅「營業額無法成長」，客人甚至會越離越遠

⊘ 突然降價會讓顧客猜測「降價的理由」，最糟的情況甚至會對店家產生懷疑。

⊘ 別隨便降價，而是要在商品、服務、銷售話術等處用心，創造更高的附加價值。

顧客會猜測「降價的理由」

只要降價就能刺激營業額成長——過去曾有過這麼一段時期。

約莫四十年前，那時客人還很多，所以只要降價，營業額就會跟著成長。

現在也仍有許多經營者認為「只要降價，客人就會增加，營業業額就會成長」。但老實說，這純粹只是幻想。

幾年前，某個連鎖加盟的大阪燒店將價格調降了三成，但此舉不僅沒讓營業額成長，還害大多數的門市出現虧損。

其實若從消費者的心態來看，必然是這個結果。調降三成會讓顧客懷疑「居然能調降三成，之前這間店賺這麼多啊！」「降價的話，食材的品質或是份量一定會跟著下滑吧」，慢慢地顧客就不再上門。

另外還有一個比較久遠的例子。過去曾有幾家牛丼連鎖店彼此展開削價競爭，可是聽到降價的消費者卻反應「肉變少了」、「米的品質變糟了」、「白飯的份量變少了」……換句話說，客人覺得「會變得便宜，一定另有隱情吧」，所以客人便慢慢流失。

到底肉量與白米的品質有沒有下滑？其實沒人知道。

但是**突然降價，的確會讓顧客開始猜測「降價的理由」。**

一般認為，餐飲業有「價格調降10%，來客數上升12%」的公式。

若問這時候第一線會變成什麼樣，那就是員工因為來客數變多而忙得暈頭轉向，沒辦法用心服務客人，一旦來客數沒上升12%，獲利不僅無法打平，還有可能虧損。

換言之，只會陷入惡性循環。

儘管如此，還是有很多愚昧的經營者想利用降價這種手法增加來客數與獲利。

顧客真正在乎的是價值而不是價格

現在就連超大型連鎖餐廳也幾乎不會降價，頂多就是辦個期間限定的回饋祭，這也只有資本夠雄厚才辦得起。

想降價的經營者都有「這一帶的客人只願意花這點錢，必須依照他們的消費能力降價，才有辦法增加來客數」的誤解。

其實事情不是這樣的。

顧客往往會將店家分成「這裡是不值得花錢的店」以及「這裡是值得花錢的店」。

假設看不起顧客，覺得「這一帶的顧客只願意掏出這點錢消費」，你的店就會被顧客當成

「這裡是不值得花錢的店」。

餐廳經營者常把「顧客把錢綁在褲頭上」這句話在嘴邊，但這句話是錯的，因為顧客真正重視的是價值，而不是價格。**如果你覺得光臨的顧客都是「不願意花錢的顧客」，代表你沒有提供讓顧客願意掏錢消費的價值。**現今的顧客只要覺得商品有那個價值，就會願意消費以及再度光臨。

低成本、高附加價值的實例

現在這個時代一定要提供高價值（高附加價值的商品）。

話說回來，要提供高價值的商品，往往得耗費不少成本。

所以就得多花點「心思」，才能以有限的預算營造高附加價值的感受。

要提升附加價值可試著在商品、服務與銷售話術這些部分下手。

以商品的部分為例，可試著突顯「使用了和牛」、「蝦子很大尾」、「放了厚切培根」這類特徵，至於盛盤方面，可強調「堆得跟山一樣高（強調高度）」、「鋪滿了整個盤子（看起來很大一片）」，在呈現方式多下點工夫。

接著為大家介紹實例。

我常向顧客建議的高附加價值商品之一就是「凱撒沙拉」。前提是一項商品不能使用太多種食材，才能有效抑制成本。基本上，凱撒沙拉的蔬菜只會使用蘿蔓萵苣與紅葉萵苣這兩種，不會放紅黃彩椒與小蕃茄，不然成本就會瞬間跳高一級。

在沙拉碗的底部擠一層凱撒沙拉醬，再將這兩種萵苣堆成小山，最後撒點黑胡椒。擺在客人的桌上後，在客人面前用起司刨刀將義大利的帕馬森起司與法國的洛克福起司撒在萵苣上方。

這種堆成小山的份量以及將起司刨成粉的桌邊服務都有十足的附加價值。推薦的話術則可採用下列內容。

這是本店最推的凱撒沙拉。

本店的凱撒沙拉非常大碗，光是沙拉碗的直徑就有三十公分，而且我們會撒很多起司粉，直到客人您「喊停」為止。本店使用的起司有兩種，一種是義大利的帕馬森起司，另一種是法國的洛克福起司，兩種都是風味十分香醇濃郁的起司。

這麼做可利用少數幾種食材（低成本）創造高附加價值。

其實在多數的餐廳，凱撒沙拉都是非常受歡迎的商品。

千萬別隨便降價，只有多花點心思創造附加價值，才能吸引更多顧客。

法則 21

酒精飲料（生啤酒除外）賣不好的店賺不了錢

⊘ 從食物與飲料的成本揉和而成的「交叉成本」擬定銷售戰略（如何獲利的方法）吧。

⊘ 打造讓客人覺得划算的餐酒組合，能讓客人繼續加點。

蘇打威士忌、沙瓦要比生啤酒賣得更多

影響餐廳營業額的重要因素之一就是酒精飲料的銷路。

烏龍麵店、蕎麥麵店、牛丼店這類料理偏碳水化合物的業態除外，居酒屋這類於晚間營業的店家，必須透過酒精飲料獲取一定程度的利潤。

因為酒精飲料的成本率較低。

第二章也提過，生啤酒以外的酒精飲料，成本率約在8%～20%左右，每杯生啤酒的成本大約落在一八〇～一九〇元，算是偏高的成本率。最近生啤酒也出現了削價競爭的現象，所以成*本率上升至40%～50%的店家也越來越多。為此，必須進一步提升生啤酒之外的酒精飲料的銷路。

*成本率：成本率可透過「成本÷售價」這個公式算出，而「利益÷售價」則可算出利益率。

近來，第一杯點啤酒或是其他飲料（例如蘇打威士忌、沙瓦）的世代落差越來越明顯，例如中老年人習慣點生啤酒，年輕人則點生啤酒以外的飲料。

有些店的蘇打威士忌或沙瓦的成本率較低，所以受惠於上述的趨勢，但是近年來，年輕人喝得很少這點，才是令人頭痛之處。

習慣點生啤酒的中老年世代對於啤酒的味道有自己的堅持，所以只要多點豪華感，打造成高附加價值的商品，就有可能藉此拉高利益率。只要能成功打造出這類商品，利益率就能提升，也就能在啤酒退流行的時代存活下來。

餐飲業界較常計算的是由食物與飲料組成的「交叉成本」。

就交叉成本而言，假設採取的戰略是「大幅提升酒精飲料的銷路」，食物的成本率稍微高一點，也能壓低整體的成本率與獲利。

是否用心設計這種價格戰略是非常重要的環節。

若什麼都不想，就開始招攬客人，或是隨便調降酒精飲料的價錢，這些店遲早都得關門大吉。

一如第二章商品開發提過的，菜單設計的法則是「讓客人想吃飯，或是讓客人想喝酒」，如果重點是酒，就得透過料理讓顧客多喝幾種酒。

要從這個角度思考商品的組合。也要設計成顧客翻開菜單後，先從飲料開始點的流程，料理也要設計成讓客人多喝酒的菜色。

酒精飲料銷售戰略的實例

接著為大家介紹我在自己的中式餐廳執行過的酒精飲料銷售戰略。

這間店提供的是生啤酒搭配餃子的套餐，其中的兩種商品都是點單率很高的商品。設計成套餐後，就執行提升點單率的策略。

當時我將單點價格分別為五五〇元的生啤酒、五八〇元的煎餃與二〇〇元的前菜湊成剛好一千元的套餐。

雖然「剛好一千元」的定價沒辦法賺什麼大錢，這卻是「以退為進」的一招，讓顧客多點一杯生啤酒的入門套餐，也因此能穩定獲利。

大部分的客人都知道，煎餃需要多點時間才能煎熟。

所以我會在客人點單後，先出生啤酒與前菜。

讓客人在等煎餃的同時，邊喝酒，邊吃前菜。

主要就是讓客人先喝啤酒，再開始煎煎餃。我的煎餃都是先以蒸籠蒸熟，之後只要花三分鐘就能煎出顏色，所以我會在客人的啤酒快喝完的時候，端上熱騰騰的煎餃。

如此一來，大部分的客人都會說「再一杯生啤酒」。能讓客人點兩杯啤酒的套餐能有效降低交叉成本率。

之後我還會視情況問客人「要不要試喝另一種酒？」然後端出甕裝的紹興酒。如果客人覺得好喝，我就會以裝了五杯紹興酒的醒酒器提供這項商品。雖然每杯紹興酒要價三〇〇元，但我會把價錢降低至一二〇〇元。

由於紹興酒都是以醒酒器提供，所以客人若是加點紹興酒，就能再增加一二〇〇元的營業額。一開始先以醒酒器提供一次，後續就有機會讓顧客加點其他料理或高單價的菜色。

建議大家像這樣打造一個客人開心，店裡也能獲利的系統。最重要的是，要以「吃虧就是佔便宜」的心態讓客人覺得很划算。

還記得香醇的紹興酒在當時賣得非常好。

在這裡偷偷告訴大家，一杯紹興酒的成本只有四〇元，所以我店裡的紹興酒不僅是「搖錢樹」，更是「吸錢酒」。

法則22

「誰都喜歡的店」就是「誰都覺得無趣的店」

⊘ 什麼都有」＝「隨時隨地，適合任何人光臨」已是被時代淘汰的概念。要以「只有現在才有、只有這裡才有、只為你量身打造」的稀有性一決勝負。

⊘ 設計不浪費食材的菜單，提升經營效率。

「什麼都有」對顧客來說，沒什麼吸引力

若為了滿足顧客各種要求而不斷修改菜單，很有可能變成「什麼都提供」的店（簡單來說，就是沒有核心概念）。

「什麼都有」的店家就是「什麼特徵都沒有」的店，也是客人「不感興趣」的店。

如果是百貨公司還流行的時代，「什麼都有」＝「隨時隨地，適合任何人光臨」的概念的確很吸引人，但如今已是專賣店的時代，零售業界也出現了專為小眾市場服務的網路商店，實體店面也因此不斷減少。

你的店也必須進化成專賣某種商品的店。

話說回來，要一下子變更業態的確有難度，所以建議大家在維持現狀的情況下，利用一些稀有的菜單與其他店家形成區別，也藉此招攬客人。

所謂的「稀有」包含數量（例：一天只提供十份）、售價（例：明明是高級食材，卻便宜得難以置信）這類元素，但說得更簡單點，就是營造「只有現在才有、只有這裡才有、只為你量身打造」這種限定性。

前一章也提過，沒有客人「想吃虧」、「想後悔」，所以要反過來利用這種心態，讓客人產生「現在不去體驗，一定會吃虧，會後悔」的感覺。

大部分的客人都禁不起「只有現在才有、只有這裡才有、只為你量身打造」、「期間限定」、「門市限定」、「數量限定」這類宣傳的誘惑。

別怕「售完」，節省進貨成本

「什麼都有」的店不僅很難攬客，也不利經營。

「什麼都有」意味著提供非常多種菜色，相對的，要準備的食材種類也會大增。此外，想要維持在「什麼都有」的狀態，就得存放許多點單率不太高的食材，但這些食材都算是成本壓力，會讓店裡的利益率下滑。

就算不是「什麼都有」的店，有些菜單種類異常豐富的店會擔心「如果有人點了很少點的菜色怎麼辦？」而囤放許多平常用不太到的食材。

如果囤放這類食材造成了成本壓力，建議先把用到這類食材的菜色設定為「售完」，或是乾脆從菜單上面拿掉。

這麼做可降低成本，還能把多出來的經費拿去採購點單數較高的食材。

千萬別因為堅持提供客人很少點的商品，而讓賺錢的機會從眼前溜走。

假設真有客人點了，建議先告訴客人：「不好意思，這道料理剛好賣完了」，再趁機推薦其他商品。

開店做生意，就得多花點心思，設計不會浪費食材的菜單。

例如「居酒屋的生魚片拼盤」就是避免食材浪費的經典菜色。「〇種生魚片拼盤」帶有「從今天採購的魚貨精選幾種做為生魚片」的意思。雖然鮪魚這類人氣商品一定要放，但可以摻雜一些有可能賣不完的商品。這跟第二章介紹的「鹽醬內臟 滿天」的拼盤商品很類似。

此時若加上一句「這是今天採購的當令鮮魚」，就能強調本節一開始介紹的稀有性，這等於向顧客強調這道是「只有現在才有、只有這裡才有、只為你量身打造」的菜色。

法則23

新開幕的店家若從一開始就吸引大批客人很可能出現反效果

⊘ 在外場服務人員還沒習慣作業流程就有大批客人上門，反而會讓客人留下壞印象。

⊘ 先以部分菜色試營運，直到工作人員熟悉整個流程，再正式營業吧。

一開始就有大批客人上門的問題

新店開幕對經營者來說是件大事，對店長與員工也是非常重大的活動。「到底客人會不會光顧呢？」、「生意會興隆嗎？」心中挾雜著興奮與各種不安的情緒。

為圖一個好彩頭，許多店家會利用夾報傳單、海報或是其他的廣告方式通知左鄰右舍，這裡有間店準備開幕。有許多經營者在開幕當天，見到顧客在店前排隊後就放心了。

其實一開幕就有大批顧客上門並不是好事，如果連後續的情況都算在內，這恐怕會是弊大於利。

顧客願意上門，的確能確保當下的獲利。

但請大家仔細思考一下，在工作人員都還不熟悉店內流程的階段，就有大批客人湧入店裡，真的是好事嗎？

比方說，開幕當天，備有二十桌四人座位的店家來了七十名客人，把座位坐得滿滿的，然後，一口氣來了七十人份的點單。

在工作人員還不熟悉作業流程的情況下，真的負荷得了瞬間爆量的點單嗎？真的能來得及（以料理為例，大概是在十二分鐘之內上菜）替所有客人上菜嗎？不可能吧？這擺明超出工作人員所能承擔的負荷。

無法及時上菜，等於是讓客人看笑話，也會讓客人留下「上菜很慢」的印象，沒過多久，這種負面評價就會傳得沸沸揚揚。

善用迎賓茶會

我不太建議在開幕的時候收太多客人。

但有個方法可以避免店裡陷入混亂。

那就是在正式開幕之前辦個迎賓茶會，做為員工的彩排。

經營者可邀請一些平常熟稔的朋友參加，表面上是「感謝大家，這間店才能開幕」，事實上是讓員工模擬一下真的客滿（忙得不可開交）的情況。

讓員工體驗「不好意思」此起彼落，忙得團團轉的經驗，才是迎賓茶會的真正目的。迎賓茶會的隔天一定要舉辦檢討會，要求所有參與的員工提出作業流程上的問題，一起想辦法解決這些問題，之後才能正式開幕。

我幫忙客戶舉辦迎賓茶會的時候，都會請來賓填寫問卷，而且會跟他們說：「都是自己人，不管好的壞的，但說無妨喲。」

接著會讓經營者與員工一起了解問卷結果，以便日後派上用場。

如果是打算開一間全新的店，我通常會建議在剛開幕的時候，先不要推出所有菜單，只以開幕記念特別菜單營業就好。

這時候要推出最想提高銷路的菜色、最有自信的菜色，最符合營業概念的菜色，換言之，就是用力宣傳「本店就是這樣的店」。

等到員工都熟悉作業流程後，就能執行原先擬定的攬客戰略，如此一來，內場員工也能分段進行事前準備，外場員工也不會慌亂，整間店也算是軟著陸了。更棒的是，這麼做不會造成顧客負擔與麻煩，顧客也比較願意在美食網站幫忙美言幾句。

法則 24

不能只靠業績顧問「短暫提升業績」

⊘ 就算短時間內客人增加，沒有做好接待客人的準備，只會失去客人的心。

⊘ 經營者該思考的不是「招攬客人」的方法，而是打造「吸引顧客自動上門」的店。

短時間內有大批顧客上門，會對店裡造成傷害

各種業界都有「業績顧問」這種專家，這些顧問很擅長透過網路、傳單招攬客人，餐飲業界當然也有這類專家。

只要拜託他們，即使是營業額下滑的店家也有可能暫時招來大批顧客。採用他們的策略，營業額可在二至三週之內維持在高檔。

但這裡要問的是，就算來客數短暫增加，今後又該如何維持下去？

這種讓顧客不斷上門的策略與穩定獲利的策略真的能一直奏效嗎？

另外要問的是，就算業績顧問真的讓大批顧客上面，店裡真的負荷（食材的採購與內場服務人員的抗壓性）得了嗎？

如果一切尚未準備就緒，只會讓好不容易爭取到的顧客不快。就現今這個世道而言，這些顧客恐怕會在美食網站留下「上菜等太久」、「料理不怎麼樣」、「店員的服務不佳」的惡評，這豈不是偷雞不著蝕把米嗎？

結果就是客人漸行漸遠，營業額被打回原形。

許多求助於業績顧問的店家就算一時間客人變多，卻很難持續下去，所以得定期請業績顧問提出促銷方案。

結果真正賺錢的不是店家，而是業績顧問。

打造「吸引顧客上門」的店，而非「招攬顧客上門」

經營者不該只想著短時性地招攬顧客，而是要打造一間顧客百來不厭的店，這才是生意細水長流的祕訣。**說得極端一點，餐廳不一定要受到顧客喜歡，但絕對不能被討厭，否則就做不成生意。**

儘管很多經營者拜託業績顧問招攬客人，卻還是一直做那些讓顧客討厭的事。

經營者真正該思考的不是「招攬客人」的方法，而是打造「吸引顧客自動上門」的店。

無法順利吸引客人上門時，不該以為吃下業績顧問提供的毒蘋果，或是在美食網站或Instagram貼幾張美食照片就能解決問題，而是要重新思考「希望客人光顧時，客人能得到什麼服務」，重新建立店裡的主軸。

接著根據這個主軸一步步修正菜單或作業流程，讓整間店重生為「吸引顧客上門」的店。

法則 25

要是門前大排長龍，有可能已經變成「塞車店」

⊘ 大排長龍的店通常只是作業流程不流暢的「塞車店」。

⊘ 要提升獲利，就必須想辦法縮短上菜時間，或是改良烹調手法與作業流程。

義大利麵店大排長龍的實情是……

以前有位來諮詢的顧客跟我說：「我家附近有間常常大排長龍的義大利麵店，不知道能不能模仿那間店啊？」

我去看了那間店之後，發現門口的確大排長龍。

但就在觀察幾分鐘之後，我發現是因為「塞車」所以才大排長龍。

那間店煮一道義大利麵平均需要十二分鐘。

我的經驗告訴我，義大利麵的平均烹煮時間為六分鐘。手邊若有六個麵切，只要巧妙地錯開下麵的時間，應該可每五到六分鐘出一道義大利麵，沒想到那間店卻是十二分鐘出一道，而且只能提供六人份的餐點，我猜想這間店的廚房有很多冗員，作業流程不夠精簡，上菜才會花那麼多時間。

如果一道義大利麵需要十二分鐘，一次只能提供六人份的話，那麼一個小時只能出三十道義大利麵，第三十一位客人得等上一個小時，才能看到義大利麵擺在眼前。

所以大排長龍的真相只是因為小店的上菜速度很慢，導致客人塞在門外而已。

是否總在適當的時間之內上菜？

其實傳說中的排隊名店通常只是作業流程紊亂的「塞車店」。真正的排隊名店必須建立在翻桌率夠高的基礎上。

假設來客數多到超出店家預估的留店時間（上菜與享用餐點的時間），不得不請客人在門口稍候，才算是真正的排隊名店，此時店家必須堅持在適當的時間之內上菜。

反觀那些假的排隊名店，只是因為作業效率不彰，上菜速度太慢，門口才會出現人龍。這就像是高速公路的收費站一樣。雖然ETC已經普及，不太會有在收費站塞車的問題，但在經過收費站的時候還是得減速，收費站前後多少還是會稍微塞車，那些假的排隊名店跟這個情況一樣，只是因為口味剛好對了，又剛好被美食網站或網路大肆渲染，所以吸引一堆顧客聞風而來，門口才會出現一堆人排隊。

這種塞車店通常賺不了什麼錢。

因為上菜太慢，翻桌率不高，一天的總來客數有限，所以營業額沒兩下就頂到天花板。

真正的排隊名店會想辦法紓緩排隊的壅塞程度，藉此提升翻桌率與業績。

比方說，想辦法縮短烹調時間，哪怕只能縮短三十秒或一分鐘，也能多招待幾位客人。這個道理當然也適用於其他店家。**要想提升獲利，就得想辦法縮短上菜時間。**

希望大家在看到自己的店大排長龍時，先不要太開心，而是要想想是真的不得不排隊，還是只是客人塞在門外而已。

接下來有一些事想告訴準備開店做生意的讀者。

要想在餐飲業成功，就必須更有生意人的頭腦。各位讀者在創業之前，應該都只站在員工的立場看整間店的作業流程，但是在成為經營者的那一瞬間，所有的經營責任就會落在你的肩上，你的人生也從聽命行事的模式切換成「一切由自己作主」的模式。請您務必將這件事放在心上，勉勵自己成為堅強的創業者。

本書雖然有很多顛覆各位讀者常識的內容，但餐飲業界就是一門講究邏輯的生意，只有理性分析過去那些憑感覺完成的事，才能讓一切符合邏輯。

因此，請大家鼓起勇氣挑戰。最不該觸犯的禁忌，就是害怕失敗，不敢踏出第一步。敢於挑戰與碰撞，才能發現挑戰本身就是必須克服的主題。

唯有採取行動才能抓住遠方的成功。一旦停止行動，就會立刻被掛上失敗者的名牌。換言之，不管遭遇什麼困難，只要能持續行動就不會失敗。相信成功也會在不遠的未來等著你。

結語——你的創業終點在哪裡？

衷心感謝各位讀者讀到最後。

如果本書能讓各位對於經營一間不失敗的店有所改觀，那真是令人開心的事。

或許有些讀者覺得自己有可能會成功，甚至有開第二間、第三間店的「野心」，但這不只是野心而已。

可以的話，我希望各位將開很多間店這件事納入視野之中。

這是因為新店開幕當天的確會忙得團團轉，但開幕之後，大概只剩例行公事要辦，這時候我們很可能會掉以輕心，腦袋很可能會切換成怠速模式，專注度與注意力可能會下滑，對店裡的缺點可能會視而不見。

這就是在開幕之後併發的倦怠症。

這症頭尤其容易在獨立創業的人身上看到。如果是一群人一起創業，只要有人太拼命，整個團隊就可能失衡，往錯誤的方向傾斜。

所以為了繃緊神經，也為了讓事業繼續發展，建議大家先抱著「開連鎖店」的心理建設才創業。

如此一來，創業就只是一個短暫的過程。

一開始就將開連鎖店納入計畫，再具體設定幾年後要開第二間店，接著在一年後開第三間的話，第一間店的開幕日不過是你展翅高飛的日子。

在構思創業計畫時，若能將眼光放遠一點，格局放大一些，就有機會提升第一間店的業績，這是因為一旦有心創立連鎖店，就一定得設計開放型業態。第一間店是獨立創業，所以一切都得由自己當場決定，等到要開第二間店的時候，就必須打造一個能掌控店內大小事的流程。具體來說，就是透過這套流程管理菜單、食材、人事費與連動的排班狀況，還有管銷費以及其他瑣事，才有可能以優於第一間店的效率經營第二間店。

此外，想要打造穩定的連鎖體系，就必須期許自己讓更多人獲得幸福，例如讓員工、員工的家眷、往來的業者、在地的客人更幸福。要讓這個願望成真，就必須建立公司內部機制。從第一間店開始著手打造這個機制，就有機會更接近成功一步。

誠心盼望有更多人開連鎖店，讓更多人得到幸福。

也希望各位讀者的身邊能有更多人接棒，帶著希望創業。

最後要在此感謝在這段漫長的寫作時間，一直從旁給予鼓勵、指導，提供許多點子的株式會社MX Engineering貝瀨裕一編輯，也要感謝幫忙設計本書編排的松井克明，更要感謝給予出版機會的株式會社MX Engineering的湊洋一社長。與湊社長認識，這一切才得以開始。

最後要由衷感謝人在天國的母親，謝謝她在我還只是六歲小孩的時候，就灌輸我創業理念。

二〇二〇年二月　須田光彥@宇宙第一熱愛外食產業的男子

這樣經營，餐廳才會賺

名顧問教你避開 25 個開店常見失敗原因，創造能長遠經營的獲利之道

絶対にやってはいけない飲食店の法則 25

作者	須田光彥
翻譯	許郁文
責任編輯	張芝瑜
美術設計	郭家振
發行人	何飛鵬
事業群總經理	李淑霞
副社長	林佳育
主編	葉承享
出版	城邦文化事業股份有限公司　麥浩斯出版
E-mail	cs@myhomelife.com.tw
地址	104 台北市中山區民生東路二段 141 號 6 樓
電話	02-2500-7578
發行	英屬蓋曼群島商家庭傳媒股份有限公司城邦分公司
地址	104 台北市中山區民生東路二段 141 號 6 樓
讀者服務專線	0800-020-299（09:30 ~ 12:00; 13:30 ~ 17:00）
讀者服務傳真	02-2517-0999
讀者服務信箱	Email: csc@cite.com.tw
劃撥帳號	1983-3516
劃撥戶名	英屬蓋曼群島商家庭傳媒股份有限公司城邦分公司
香港發行	城邦（香港）出版集團有限公司
地址	香港灣仔駱克道 193 號東超商業中心 1 樓
電話	852-2508-6231
傳真	852-2578-9337
馬新發行	城邦（馬新）出版集團 Cite（M）Sdn. Bhd.
地址	41, Jalan Radin Anum, Bandar Baru Sri Petaling, 57000 Kuala Lumpur, Malaysia.
電話	603-90578822
傳真	603-90576622
總經銷	聯合發行股份有限公司
電話	02-29178022
傳真	02-29156275
製版印刷	凱林印刷傳媒股份有限公司
定價	新台幣 360 元／港幣 120 元
ISBN	978-986-408-644-3

2020 年 11 月初版 1 刷・Printed In Taiwan

2023 年 10 月初版 3 刷

國家圖書館出版品預行編目(CIP)資料

這樣經營，餐廳才會賺：名顧問教你避開 25 個開店常見失敗原因，創造能長遠經營的獲利之道 / 須田光彥著；許郁文翻譯．-- 初版．-- 臺北市：麥浩斯出版：家庭傳媒城邦分公司發行，2020.11
面；　公分
譯自：絶対にやってはいけない飲食店の法則 25

ISBN 978-986-408-644-3(平裝)

1. 餐飲業管理

483.8　　109016513